Getenet Tamene

Prestação de serviços de transporte em Mizan-Aman

Getenet Tamene

Prestação de serviços de transporte em Mizan-Aman

Avaliação da eficiência e eficácia da aplicação da lei de trânsito neste distrito

ScienciaScripts

Imprint

Cover image: www.ingimage.com

This book is a translation from the original published under ISBN 978-3-659-86365-3.

Publisher:
Sciencia Scripts
is a trademark of
Dodo Books Indian Ocean Ltd. and OmniScriptum S.R.L publishing group

120 High Road, East Finchley, London, N2 9ED, United Kingdom
Str. Armeneasca 28/1, office 1, Chisinau MD-2012, Republic of Moldova, Europe
Managing Directors: Ieva Konstantinova, Victoria Ursu
info@omniscriptum.com

Printed at: see last page
ISBN: 978-620-8-51002-2

Índice

Dedicação

Dedico este livro às crianças que não tiveram oportunidade de frequentar a escola e à minha família e amigos que estão sempre gratos por qualquer tentativa minha

Agradecimentos

Em primeiro lugar, gostaria de agradecer a Deus todo-poderoso que me deu força ao longo da minha vida. Em segundo lugar, os meus agradecimentos e apreço vão para o meu orientador de tese MulugetaEndris (Phd), como conselheiro, pai e irmão mais velho, que me orientou, aconselhou, sugeriu e criticou, encorajando-me a progredir ao longo de toda a minha tese. Gostaria também de agradecer aos meus amigos AddisM., Asege, MesiG., Wonde T., MeseleJ., MelakuS., Ferehiwot M., Gedion K., Mesi D., Demeke G., MengistuMekonen que me ajudaram em muitos aspectos a garantir o bom andamento da minha tese.

Em quarto lugar, estou igualmente grato a todos os meus instrutores pelas suas experiências e capacidades dinâmicas. Ganhei muita experiência e conhecimentos com os comentários e conselhos que recebi deles e recordá-los-ei sempre. Por último, gostaria de agradecer à minha mãe, que me deu a sua vida ao longo de toda a minha existência.

Acrónimo

CSA- Central Statistics Agency

ECA-Economic Commission of Africa

EU-European Union

FUPI-Federal Urban Planning Institute

GTP-Growth Transformation Plan

SNNPR-South Nation, Nationalities Peoples Region

SPSS-Statistical Package for Social Sciences

WHO –World Health Organization

Resumo

O principal objetivo desta tese é avaliar a eficiência e a eficácia da aplicação da regulamentação dos transportes em Mizan-Aman. Assim, os objectivos específicos são avaliar a prática existente de aplicação da regulamentação do tráfego, os factores que impedem a aplicação da regulamentação do tráfego e os desafios enfrentados pelos utentes dos transportes na cidade de Mizan-Aman.

No estudo, foram utilizadas abordagens de investigação qualitativas e quantitativas. Os métodos e procedimentos utilizados na recolha dos dados do estudo incluem dados primários de 159 residências, cinco polícias de trânsito, cinco operadores de transportes, cinco funcionários dos transportes e cinco condutores, recolhidos através de questionários abertos e fechados, entrevistas estruturadas e semi-estruturadas, observações no terreno, e dados secundários recolhidos de livros publicados e não publicados, revistas, teses, documentos oficiais e sítios Web. Foram utilizadas técnicas de amostragem probabilística e não probabilística para selecionar um número proporcional de amostras de todos os utilizadores de transportes residentes na área de estudo. A seleção dos agregados familiares inquiridos foi feita utilizando a técnica de amostragem aleatória sistemática. No processo de seleção, todas as kebeles foram selecionadas proporcionalmente ao seu tamanho e, em seguida, o tamanho da amostra foi determinado a partir da sua proporção da população em relação à soma da população total de cada kebele.

As conclusões revelaram que a utilização de sinais e marcas de trânsito não foi suficientemente utilizada. Além disso, os condutores embarcam passageiros para além dos limites legais. O nível de acidentes de viação e de infracções está a aumentar. O desempenho na aplicação do regulamento é baixo, o que cria problemas ambientais e relacionados com os transportes. Os principais desafios para a aplicação da regulamentação estão associados à má governação, à falta de sensibilização, à falsificação da carta de condução, à inadequação das infra-estruturas rodoviárias, à escassez artificial de veículos, à falta de pessoal e de recursos orçamentais, às lacunas da legislação em matéria de transportes e à ausência de um quadro sólido. Além disso, os desafios resultantes de uma regulamentação ineficaz, tais como o pagamento de taxas não habituais, o longo tempo de viagem e a falta de equidade, resultaram para os utilizadores dos transportes. Por último, o estudo recomendou que o governo e os organismos competentes se antecipassem para resolver o problema existente através de integrações, sensibilização, formação, aplicação rigorosa, capacitação da instituição, revisão da legislação dos transportes para resolver e ultrapassar a má aplicação da regulamentação.

***Termos-chave**: Aplicação do regulamento, prática, desafios, proporcionalidade,*

1. Introdução

A aplicação da legislação de trânsito é reconhecida como um dos meios mais eficazes disponíveis para reduzir o excesso de velocidade, a variabilidade da velocidade e os comportamentos de condução indesejáveis, tais como as ultrapassagens e as mudanças de faixa inseguras, melhorando assim a segurança do tráfego e dos trabalhadores na zona de trabalho. Acredita-se também que a presença de medidas de fiscalização nas zonas de trabalho aumenta a consciência e o nível de alerta dos condutores, reduzindo os tempos de reação em resposta aos perigos inesperados encontrados (Transportation Research Board, 2013).

De acordo com o TRKC (2009), a presença de uma gestão de tráfego comprometida é essencial, contribuindo para melhorar a mobilidade e a produtividade do trabalho, alcançar uma função de utilização eficiente do solo, integrar de forma óptima a rede de transportes com os serviços públicos e as infra-estruturas sociais e reestruturar o serviço de transportes urbanos.

A aplicação deficiente das regras de trânsito é a principal causa dos problemas de excesso de velocidade, de alcoolemia e de não utilização do cinto de segurança; os erros de ultrapassagem ou as infracções de ultrapassagem resultam em acidentes muito graves. A inobservância dos sinais vermelhos ou das luzes para peões (porta traseira) aumenta substancialmente o risco de colisão traseira. Todos estes tipos de comportamento parecem ser desproporcionadamente arriscados devido a falhas de controlo. Por conseguinte, uma melhor aplicação da lei no sector dos transportes é importante para alcançar a eficiência dos transportes (ETSC, 1999).

Além disso, a melhoria da aplicação da lei nos transportes cria condições favoráveis à transação, ao intercâmbio, à transferência de conhecimentos e à eficiência económica. Permite colocar o planeamento dos transportes e a gestão do tráfego no topo de uma agenda de desenvolvimento urbano (FUPI, 2006).

Assim, a ocorrência imensa e frequente de problemas de transporte em Mizan-Aman é o fator central que motivou o investigador a realizar um estudo centrado na investigação da eficiência e eficácia da aplicação da regulamentação do tráfego rodoviário e a apresentar possíveis recomendações para melhorar a eficiência e eficácia da aplicação da regulamentação do tráfego.

O primeiro capítulo é composto por nove secções. A primeira secção ou introdução esclarece o conteúdo do capítulo. O contexto do estudo discute a importância dos transportes no desenvolvimento socioeconómico do país e a necessidade dos transportes para o sucesso do desenvolvimento em relação à aplicação da regulamentação. A secção relativa ao problema justifica os factos que motivaram o investigador a realizar o estudo. A secção três apresenta os objectivos principais e específicos do estudo. A secção relativa à importância do estudo explica quem e como será beneficiado com o estudo. A secção cinco aborda o âmbito do estudo. A área de estudo é descrita na secção oito e a secção nove encerra todo o capítulo.

1.1. Antecedentes do estudo

O transporte rodoviário é o meio de transporte mais próximo que as pessoas utilizam há séculos e milénios para se deslocarem de um local para outro e realizarem as suas actividades quotidianas. De acordo com a OMS

(2009), o transporte rodoviário proporciona benefícios tanto para as nações como para os indivíduos, facilitando a circulação de bens e pessoas. Permite um maior acesso ao emprego, aos mercados, à educação, ao lazer e aos cuidados de saúde.

Tadesse (2006) observou que, em comparação com outros, o transporte rodoviário tem como principal vantagem a sua flexibilidade, que permite operar de porta a porta em distâncias curtas a preços mais competitivos. Em África, mais de 80% das mercadorias e das pessoas são transportadas por estrada e, na Etiópia, o transporte rodoviário representa mais de 90% dos movimentos de carga e de passageiros no país.

Apesar da sua importância e da sua ligação direta com as actividades quotidianas das pessoas, o sector dos transportes rodoviários, em comparação com outros modos de transporte concorrentes, sofre de enormes deficiências. Entre estas, o serviço não tem acompanhado a procura, os acidentes contribuem para privar os cidadãos de vidas, saúde e bens, para a perda de instalações de transporte, para a danificação das infra-estruturas de transporte, para o congestionamento do tráfego, para os atrasos na circulação, para os elevados custos de viagem e para a poluição sonora e atmosférica. Os problemas acima referidos, que ocorrem principalmente nas cidades em desenvolvimento e nas cidades desenvolvidas, devem-se à aplicação deficiente das regras de trânsito existentes, o que contribui para a ocorrência frequente de acidentes (ETSC, 2011).

As regras de trânsito abordam a relação mútua entre os utentes da estrada e o seu ambiente. O seu objetivo é promover a segurança e a fluidez do tráfego nas estradas. A violação inconsciente das regras deve ser resolvida através da conceção das estradas e dos veículos, mas a violação consciente das regras deve ser resolvida através da aplicação da lei pela polícia (Ibid).

No que se refere à aplicação da lei, a perspetiva instrumental tem razão de ser na dissuasão, em que o medo de ser sancionado é considerado o mecanismo central para evitar determinado comportamento. Por outras palavras, as pessoas são motivadas por ganhos, perdas, recompensas e sanções relacionadas com a obediência ou a desobediência à lei. Aumentar a probabilidade e a severidade das sanções é então visto como uma forma eficaz de aumentar o cumprimento da lei. No entanto, as leis de trânsito foram aplicadas de forma passiva, apesar do crescimento geométrico dos problemas (Donmez e Jing Feng , 2013).

A eficiência e a eficácia são termos centrais na avaliação e medição do desempenho das organizações, bem como dos acordos inter-organizacionais, tais como alianças estratégicas, joint ventures, sourcing e acordos de out souring. Apesar da relevância óbvia da avaliação e medição do desempenho (Stefanos, 2006).

A magnitude do problema dos transportes em Mizan-Aman levou o investigador a realizar uma tese sobre a eficiência e a eficácia da aplicação da regulamentação do tráfego rodoviário em Mizan-Aman.

1.2. Declaração do problema

O transporte de pessoas e bens constitui a espinha dorsal do crescimento económico e do desenvolvimento sustentável. Por conseguinte, o planeamento dos transportes é crucial para o desenvolvimento sustentável, uma vez que contribui para a circulação de pessoas e bens (Madiro e Mudzengerere, 2013).

Os requisitos de planeamento dos transportes devem ser derivados de serviços de transportes públicoshumanos coordenados e desenvolvidos localmente e ter em conta a integração da utilização dos solos e dos transportes. Este requisito tem por objetivo melhorar os serviços de transporte para pessoas com deficiência, idosos, adultos e indivíduos com rendimentos mais baixos (Charlotte, 2010). No entanto, em Mizan-Aman existem muitos problemas comuns relacionados com os transportes. Entre eles, a prestação pouco ética de serviços de transporte, o insulto, a desonra e a insistência dos prestadores de serviços de transporte, os custos de viagem incoerentes, os atrasos nas deslocações, o mau funcionamento dos transportes para idosos e pessoas com deficiência, a privação de transportes apesar do excesso de veículos na estação, as actividades de transporte negociadas com o interesse de grupos específicos criam uma escassez artificial de veículos, um grande número de veículos com elevada ocupação na rua que bloqueia o trânsito e provoca acidentes, a inexistência de actividades de transporte bem planeadas na cidade devido aos veículos de transporte de mercadorias estacionados ao longo da via principal que impedem o fluxo de trânsito e a mobilidade suave.

O principal objetivo do serviço de trânsito é a aplicação da regulamentação do trânsito para garantir um fluxo de tráfego fluido e uma prestação de serviços de transporte amigável para o cliente. No entanto, em Mizan-Aman, a dimensão dos transportes para cumprir as suas missões e procedimentos operacionais não é suficiente para cumprir a tarefa ou função pretendida. Por conseguinte, vale a pena investigar esta situação em Mizan-Aman, uma vez que não foi efectuado qualquer estudo para responder à magnitude do problema em Mizan-Aman.

1.3. Objetivo do estudo

O objetivo geral do estudo é avaliar a eficiência e a eficácia da aplicação da regulamentação do tráfego rodoviário em Mizan-Aman.

1.3.1. Objectivos específicos

Para atingir o objetivo principal do estudo, a investigação tem os seguintes objectivos específicos

- Avaliar a prática atual de aplicação das regras de trânsito
- Identificar os factores que dificultam a aplicação da regulamentação do tráfego
- Examinar os desafios enfrentados pelos utilizadores dos transportes na cidade de Mizan-Aman
- Apresentar eventuais recomendações para melhorar a eficiência e a eficácia da aplicação das regras de trânsito

1.3.2. Questões de investigação

O estudo foi orientado pelas seguintes questões de investigação derivadas dos objectivos da investigação

- Qual é o estado e a extensão da aplicação das regras de trânsito na cidade?
- Quais são os factores que dificultam a aplicação da regulamentação do tráfego?
- Quais são os desafios enfrentados pelos utilizadores dos transportes no que diz respeito à aplicação das regras de trânsito?

- Como pode ser melhorada a eficiência da aplicação das regras de trânsito?

1.4. Importância do estudo

O resultado deste estudo ajudará a administração, a polícia de trânsito e os organismos jurídicos a avaliar o nível de aplicação atual da regulamentação do tráfego na cidade e a identificar os factores que dificultam a sua aplicação, bem como a orientar a forma de atenuar e melhorar a aplicação da regulamentação no processo de obtenção de uma aplicação eficiente e eficaz da regulamentação do transporte rodoviário.

As conclusões deste estudo também permitem aos académicos compreender e alargar a perspetiva dos transportes para promover o desenvolvimento socioeconómico das comunidades. Para além disso, o estudo serviu de material de referência para outros estudos sobre a questão da aplicação da regulamentação dos transportes.

1.5. Âmbito do estudo

Em termos espaciais, o estudo limita-se à cidade de Mizan-Aman, dentro dos limites dos 19,2 km quadrados em que se efectua a regulamentação do tráfego rodoviário e o controlo dos transportes privados e públicos. Mas o transporte privado não foi objeto de qualquer cobertura neste trabalho.

O âmbito temático do estudo consiste apenas em examinar o estado da aplicação da regulamentação com base nas caraterísticas da proclamação, regulamentação, diretivas e manual dos transportes, os fenómenos de aplicação dessas caraterísticas (prática), o grau de aplicação no cumprimento dos objectivos, os desafios na aplicação. Para além disso, a sustentabilidade do desenvolvimento dos transportes é observada a nível social, económico e ambiental (apenas a poluição sonora e não a do ar e da água, devido à ausência de laboratório).

O estudo analisa o conceito de eficiência como a extensão do esforço de transporte para produzir um resultado específico numa comparação entre um fornecedor de transporte e os utilizadores em relação à qualidade do transporte, que é o desempenho do sistema (frequência do serviço, tempo de viagem, acessibilidade, fiabilidade, segurança, utilização) e a satisfação. Também o conceito de eficácia foi atestado no estudo através da realização de inquéritos de tráfego antes e depois, comparando os dados de acidentes antes e depois, comparando a redução das infracções de tráfego antes e depois do seu e fazendo o levantamento das queixas dos cidadãos através de um questionário.

O âmbito temporal do estudo é transversal, pelo que as actividades, desde a recolha de dados até à análise, tiveram lugar num único momento.

1.6. Descrição da área de estudo

1.6.1. Localização, dimensão e população

Mizan - Aman é o centro da zona de Bench Maji, que se situa a 6° 48' de latitude norte e 35° 26'de longitude leste. Encontra-se a uma distância de 561 km de Adis Abeba e a 836 km de Hawassa, a capital regional da SNNP. A cidade ocupa uma posição muito próxima da periferia geográfica do país. A cidade está estruturada em 5 Kebeles, 10 sub-Kebeles e 45 localidades com uma área total de 19,2 km^2 ou 1920 hectares (Plan

Preparation and Monitoring, 2009).

De acordo com a projeção da CSA (2012), a população total da cidade é de 38.733 habitantes e o número médio de pessoas por agregado familiar é de 7,8 na cidade, pelo que existem 4966 agregados familiares na cidade.

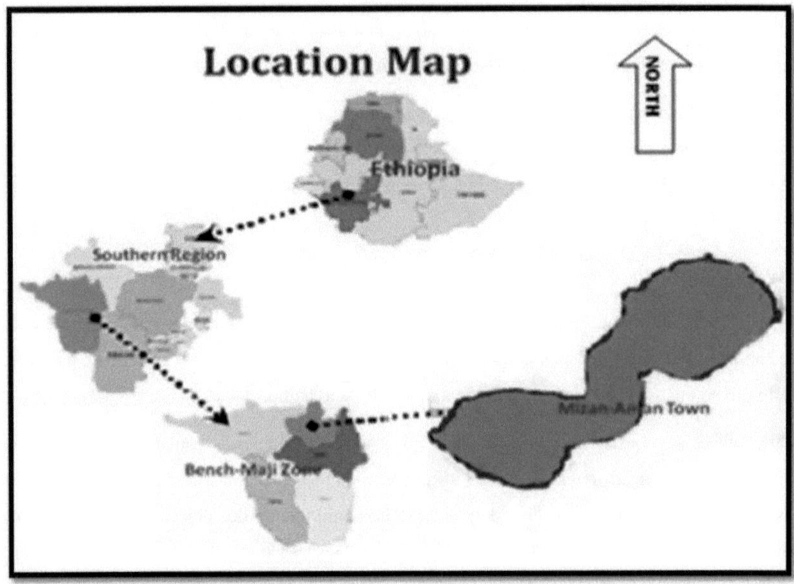

Escala: 1:50,000

Preparação e monitorização do plano de fontes, 2009

O Plano de Preparação e Monitorização (2009) revela que a elevação da cidade varia entre 1420 metros acima do nível do mar. A cidade é caracterizada por uma topografia quebrada, com terrenos mais elevados, vales e planaltos de topo plano, enquanto a cidade de Aman está relativamente estendida numa topografia plana. O clima é tipicamente tropical, com temperaturas quentes e húmidas, devido à sua cobertura florestal. Não existe uma grande diferença entre a temperatura média anual e a precipitação em Mizan - Aman. A temperatura média anual é de 21,5°C e a precipitação é superior a 1935 mm, devido à sua localização na região de precipitação máxima do verão e da primavera.

O potencial de investimento da cidade, como espiões, cereais, frutas e mineração, contribui muito para o desenvolvimento da cidade. Além disso, os hotéis existentes, as indústrias de processamento e embalagem de café, as instituições de saúde como o Hospital Geral de Mizan, os centros de educação e formação da Universidade de Mizan-Tepi, a Escola de Ciências da Saúde de Aman e a Escola Politécnica de Mizan-Aman são uma fonte importante de geração de viagens de transporte (Ibid).

Devido à topografia e à expansão não planeada, a cidade não dispõe de uma rede rodoviária suficientemente desenvolvida. Apesar disso, a cidade está interligada com as zonas de culturas de rendimento e de extração mineira, como as cidades de Tepi, Dimma e Bonga.

A estrada desempenha um papel importante no serviço de transporte. Com base nisto, a cidade tem 6,85 km de asfalto, 2,84 km de estrada de calçada, 31,4 km de estrada de cascalho e 41,127 km de estrada de terra. Com base nisto, a densidade rodoviária é de 4,28 km por 19,2 km2, o que é um pouco pobre. Apesar da rede rodoviária, devido à sua importância económica, a cidade tem vindo a crescer rapidamente. Como resultado, a procura de transportes aumentou drasticamente com o aumento do tráfego, apesar da prestação de serviços (Município de Mizan-Aman, 2014).

1.7. Limitações do estudo

A falta de dados secundários devido ao sistema desatualizado de gestão de dados da polícia de trânsito e a ausência de vontade de fornecer os dados existentes constituem a limitação deste estudo. No entanto, independentemente destes desafios, o investigador tentou enfrentá-los de forma harmoniosa para atingir o objetivo da investigação.

1.8. Organização do documento

Este trabalho está organizado em cinco capítulos. Assim, o primeiro capítulo trata da introdução, dos antecedentes, do enunciado do problema, do objetivo, da importância do estudo, do âmbito do estudo, da descrição da área de estudo e das limitações do estudo. O capítulo dois aborda a revisão da literatura relacionada com os objectivos do estudo. O capítulo três apresenta a conceção da investigação, a abordagem da investigação, os métodos de investigação, as técnicas de investigação, a conceção da amostra, a fonte de dados, a análise e interpretação dos dados e a apresentação dos dados. O quarto capítulo apresenta os resultados da investigação, a análise e a discussão obtidas através da metodologia. Por último, o quinto capítulo apresenta as recomendações decorrentes dos resultados e da análise da investigação, bem como as conclusões da tese. No final da tese, é apresentado um conjunto de referências e apêndices.

1.9. Conclusão

Nesta secção, os principais elementos da investigação, incluindo os antecedentes do estudo relativos à questão, foram discutidos a nível global e local. Além disso, o objetivo do estudo, a importância, o âmbito e a localização geográfica do estudo foram abordados no capítulo.

2. Revisão da literatura relacionada

2.1. Introdução

Esta secção apresenta uma análise de estudos anteriores em que se procedeu à aplicação da regulamentação do tráfego. O objetivo é mostrar e explorar as experiências que foram utilizadas para resolver problemas relacionados com a aplicação da regulamentação dos transportes e identificar os pontos fracos e as limitações que afectaram os transportes. Também foi feita uma tentativa de examinar cuidadosamente os desafios importantes, problemáticos, de ferramentas, de aplicação, de efeitos e de gestão que influenciam o desempenho da aplicação da regulamentação dos transportes.

2.2. Definições

Para que esta investigação compreenda as variáveis, o investigador precisa de definir alguns dos termos e conceitos básicos. Alguns dos termos e conceitos básicos nesta tese são :

Eficácia - principalmente preocupada com a realização de objectivos (Stefanos, 2006)

Eficiência - é a medida em que o tempo, o esforço ou o custo são bem utilizados para a tarefa ou função pretendida. É um esforço para produzir um resultado específico com um mínimo de despesas (Ibid)

O transporte público refere-se ao transporte urbano de superfície motorizado formal (regulamentado), incluindo táxis de passageiros e autocarros (Gordon, 2013)

Legislação - o quadro jurídico que rege a atividade de transporte rodoviário (Batalia, 2001)

Tempo de viagem - representa a quantidade de tempo gasto pelos passageiros (e veículos) desde o início até ao fim das suas viagens (Diaz, 2009 citado em Maunganidze, 2011).

2.3. Revisão teórica da literatura

2.3.1. Aplicação do Regulamento de Trânsito: Conceito e teoria

De acordo com Sumaila (2013), "aplicar" significa fazer com que as pessoas obedeçam a uma determinada lei ou regra. Por conseguinte, a aplicação pode ser definida como um processo pelo qual a adesão a regras e regulamentos específicos é imposta a uma sociedade pela força de punições iniciadas e apoiadas pelas leis do país. Assim, a aplicação da legislação em matéria de transportes é o domínio de atividade que visa controlar o comportamento dos utentes da estrada, a fim de obter operações seguras e eficientes nas estradas.

SafetyNet (2009) descreveu que a legislação é a base para o controlo do tráfego. A legislação não só determina quais os regulamentos que são aplicados, mas também como podem ser aplicados. Também o Banco Mundial (2005) expressou que a aplicação dos regulamentos é fundamental para que o governo tome medidas para melhorar a aplicação dos regulamentos e leis existentes, incluindo aspectos de segurança rodoviária, licenciamento de condutores, limites de carga por eixo e licenciamento de veículos com o objetivo de reduzir a condução insegura, melhorar a utilização dos veículos e acelerar a circulação da carga.

Em termos mais gerais, Batalia (2001) descreve a legislação como o quadro jurídico que rege o funcionamento do transporte rodoviário. O objetivo geral das leis e regulamentos de trânsito rodoviário em cada Estado parceiro é promover e melhorar a segurança rodoviária. Cada Estado parceiro promulgou uma legislação nacional que deve ser respeitada pelos proprietários, operadores e utilizadores de veículos e outros utentes da estrada. Estas leis foram redigidas para garantir uma mobilidade segura, ordenada e disciplinada nas estradas e para proteger o ambiente e as infra-estruturas.

Ullman et al. (2013) identificaram a aplicação da lei de trânsito numa autoestrada reconhecida como um dos meios mais eficazes disponíveis para reduzir o excesso de velocidade, a variabilidade da velocidade e os comportamentos de condução indesejáveis, tais como a ultrapassagem e as mudanças de faixa inseguras, melhorando assim a segurança do tráfego e dos trabalhadores na zona de trabalho. Acredita-se também que a presença de fiscalização aumenta a consciência e o nível de alerta dos condutores, reduzindo os tempos de reação em resposta a perigos inesperados.

2.3.2. Problemas relacionados com a aplicação das regras de trânsito

Banco Mundial,20 11 citado em Mphela, 20 11 70% dos 1,7 milhões de pessoas que morrem todos os anos em resultado de acidentes rodoviários são de economias em desenvolvimento. Não é raro ver este número, pois tem havido uma escalada contínua dos acidentes rodoviários e das mortes do problema da segurança rodoviária como resultado do comportamento dos utentes da estrada e, mais especificamente, os acidentes ocorrem devido às decisões tomadas pelos utentes da estrada de desobedecerem ou violarem as regras rodoviárias, normalmente referidas como erro humano. As taxas de acidentes e o cumprimento das regras estão inversamente relacionados.

Segundo a OMS (2010), a Etiópia registou o maior número de acidentes de viação com vítimas mortais. De acordo com o relatório, foram registadas 17,6 mortes na estrada por 100 000 habitantes. Além disso, a OMS (2004), citada em ECA (2009), afirma que os acidentes rodoviários na Etiópia são uma causa de perdas significativas de recursos humanos e económicos. Durante o ano fiscal etíope (2007/8), a polícia registou 15 086 acidentes que causaram a perda de 2 161 vidas e mais de 82 milhões de ETB equivalentes a 7,3 milhões de USD (estimativa do custo dos danos materiais pela polícia). Por conseguinte, a situação torna-se um pesado encargo para a economia nacional.

2.3.3. Fundamentos da aplicação das regras de trânsito

A fim de promover o desenvolvimento sustentável e evitar atribulações, de modo a dar uma solução para o mau funcionamento do custo do transporte, do tempo de viagem, do nível de serviço e das condições de viagem (fiabilidade, frequência, etc.), a aplicação da regulamentação é importante para a gestão da procura de melhorias do serviço de trânsito.

O controlo policial é uma das medidas que podem ser utilizadas para melhorar o comportamento dos utentes da estrada. O fator mais importante para influenciar o comportamento no trânsito é uma organização lógica e clara do sistema de trânsito e das regras de trânsito (SWOV Fact sheet, 2008).

2.3.4. Instrumentos de controlo do cumprimento das regras de trânsito

2.3.4.1. Polícia de Trânsito

De acordo com a ODT (2005), o controlo policial é uma ferramenta indispensável para influenciar o comportamento no trânsito. A fiscalização policial é um meio de exercer influência sobre os utentes da estrada que se esquecem ou subestimam a importância de certas regras, ou que, voluntária e conscientemente, infringem essas regras.

A polícia de trânsito dispõe de um grande número de instrumentos para fazer cumprir as regras de trânsito rodoviário. De acordo com a ODT (2005), a responsabilidade da polícia de trânsito é a necessidade e o controlo de todos os utentes da estrada (automobilistas, ciclistas e peões) dentro da estrada, incluindo as pessoas com deficiência, de acordo com as regras. Desempenha um papel vital na continuidade de um fluxo de utentes da estrada razoavelmente seguro e eficiente quando uma zona de trabalho, um incidente ou outro evento interrompe temporariamente o fluxo normal de utentes da estrada.

Scott (2010) acredita que medir o efeito da aplicação da lei pela polícia não é uma tarefa fácil. A aplicação efectiva da fiscalização em relação às regras e regulamentos do tráfego rodoviário depende não só das acções das agências de fiscalização relevantes, mas também das atitudes e do comportamento dos utentes da estrada.

2.3.4.2. Educação para a segurança e sensibilização dos peões

Os países em desenvolvimento estão menos sensibilizados do que os países desenvolvidos para o comportamento dos peões. Os peões devem prestar atenção aos pontos de passagem seguros e convenientes e à educação no que respeita ao uso de vestuário refletor depois de escurecer. Os programas de educação têm sido utilizados para influenciar a capacidade dos indivíduos para lidar com o ambiente de tráfego, de modo a reduzir as lesões dos peões (Whelan et al, 2008). Os movimentos dos peões nas estradas contribuem para a incidência de acidentes de viação na Etiópia. Anualmente, 69, 74 e 74% dos acidentes mortais, graves e com ferimentos ligeiros ocorreram quando os peões tentaram atravessar as estradas (Bitew, 2002).

2.3.4.3. Partes interessadas na regulamentação

Para melhorar a fiabilidade do serviço através de uma estratégia reforçada, é indispensável a integração de vários sectores no sistema de transportes. As partes interessadas nos transportes, tais como o governo (a nível nacional, provincial e municipal), os proprietários, os operadores e as suas associações, os passageiros e as suas associações e os organismos reguladores têm de trabalhar em conjunto, de forma coordenada e cooperativa, para garantir um resultado ótimo (Schalekamp et al, 2009; Golub, 2009).

Maunganidze (2011) considera que as instituições reguladoras devem ter capacidade e independência suficientes para realizar o planeamento básico da rede, administrar os regulamentos e orientar o desenvolvimento do sector dos transportes públicos. A existência de instituições políticas e administrativas eficientes é fundamental para o planeamento, o desenvolvimento e a gestão eficazes dos transportes urbanos.

2.3.4.4. Meios de comunicação e informação

Elliot et al, (2004) descreveram que as estratégias de aplicação são mais eficazes quando associadas a campanhas eficazes nos meios de comunicação social que informam o público sobre a estratégia de aplicação. Por conseguinte, a combinação de controlo e publicidade tende a produzir melhores resultados.

2.3.5. Aplicação do Regulamento de Execução

A aplicação eficaz do controlo do cumprimento das regras e regulamentos de trânsito depende não só das acções dos organismos de controlo competentes, mas também das atitudes dos próprios utentes da estrada. É extremamente difícil mudar as atitudes dos condutores a longo prazo. Uma abordagem agressiva da aplicação da lei pela polícia foi eficaz na redução da incidência do total de acidentes de viação, bem como na redução do número de acidentes com feridos graves, acidentes mortais e acidentes mortais relacionados com a velocidade Elliott et al, 2004 citado em Scott 2010).

A aplicação das medidas legais é um fator importante na duração dos efeitos, bem como no seu grau de sucesso (Fell e Voas, 2004; Geary e Preusser, 2004). Mathijssen (2001) e Erke et al. (2008) mostraram que a aplicação da lei é mais eficaz quando apoiada por publicidade. A publicidade sobre a intensificação da aplicação da lei resulta numa maior probabilidade subjectiva de ser apanhado e numa diminuição mais rápida do número de infractores (Godthelp e Wesemann, 2010).

2.3.6. Efeitos da aplicação das regras de trânsito

Não há eficiência sem eficácia, a relação entre eficiência e eficácia é a de uma parte do todo, a eficácia é uma condição necessária para alcançar a eficiência (Drucker, 2001). De acordo com Bishai et al, (2008), o sucesso da aplicação da legislação de trânsito em países de baixo rendimento pode ser marcadamente diferente do de países de rendimento mais elevado devido a diferenças no funcionamento efetivo dos sistemas jurídicos e administrativos.

Kirolos et al, (2014) descreveram vários métodos de avaliação da aplicação da lei. Por ordem de frequência de adoção, foram utilizados os quatro procedimentos de avaliação mais comuns. Trata-se de comparar a redução das infracções de trânsito antes e depois das campanhas de segurança, realizar inquéritos de trânsito antes e depois, comparar os dados de acidentes antes e depois e comparar as queixas dos cidadãos antes e depois das campanhas de segurança.

Relativamente ao transporte eficiente, o modo de trânsito rápido de alto desempenho que combina uma variedade de elementos físicos, operacionais e de desempenho do sistema permanentemente integrados com uma imagem de qualidade e uma identidade única. Considera o tempo de viagem, a poupança, a fiabilidade, a segurança, a capacidade, a acessibilidade e a qualidade ambiental dos benefícios do sistema (Levinson et al, 2003 citado em Maunganidze, 2011).

De acordo com Gururaj (2008), a eficácia da aplicação da legislação de trânsito depende da eficiência do sistema jurídico. Na maioria dos países, o direito de trânsito faz parte do direito penal. Embora isto possa ser apropriado para infracções graves, dificilmente é possível processar a miríade de infracções sem exigir muito dos recursos humanos da polícia ou "entupir os tribunais". Apesar disso, em vários países da UE, o tratamento das infracções é integrado no direito civil ou administrativo, a fim de aumentar a eficácia do sistema de aplicação da lei.

2.3.7. Desafios de gestão para a aplicação do regulamento

Sumaila (2013) que analisou a gestão adequada das instalações, especialmente no que diz respeito à definição de normas para os condutores e o estado e funcionamento dos veículos são importantes. Devido à ausência de uma capacidade centralizada de transporte de planeamento e coordenação, resulta ineficaz aplicação da lei de trânsito.

Exceto algumas agências de segurança rodoviária no Camboja, a maior parte das agências de aplicação da lei foram proactivas na coordenação com as agências de transportes locais. Observou-se que a maioria das barreiras que dificultavam a relação incluía recursos limitados (orçamento, tempo e mão de obra), comunicação mínima, falta de reuniões organizadas e política (Godthelp e Wesemann, 2010). Kumar e Barrett (2008), citados em Chavis (2012), dão muitos exemplos de como a falta de controlo permite que funcionários corruptos metam ao bolso dinheiro que poderia ser utilizado pelo governo ou pelos proprietários e operadores para melhorar os serviços. Além disso, a experiência passada mostrou que a regulamentação pode ter efeitos adversos. Por exemplo, a regulamentação das tarifas pode levar a uma proliferação de rotas, a fim de incentivar transferências múltiplas.

Nyoni (2012), citado no artigo de Muvuringi (2012) "Bribery adds to road carnage" (Suborno contribui para a carnificina rodoviária), afirmou que a corrupção tem sido um tema quente no país e parece ser uma norma, uma vez que tem sido uma prática comum ver os condutores a darem subornos aos agentes da polícia nos bloqueios de estrada. Além disso, (Dube, J. e Mawere, R., 2011) referem que os subornos nas estradas incluem veículos rodoviários indignos, condutores sem carta, excesso de carga, excesso de velocidade e condução sob o efeito do álcool. A corrupção na emissão de cartas de condução foi objeto de um debate informal. Algumas pessoas mencionaram que as empresas privadas querem efetivamente empregar os condutores sem carta porque são mais baratos, uma vez que não há negociações em termos de pagamento dos condutores. Assim, a condução sem formação adequada é um dos factores que também contribuem para os acidentes rodoviários. A aplicação inadequada e corrupta da lei, juntamente com a aceitação do público, resultou no aumento do número de veículos danificados, sobrecarregados e não registados na estrada. As frotas de veículos aumentaram consideravelmente no país. No entanto, a maioria destes veículos não está em condições de circular.

2.3.7.1. Incremento de motorização

Atualmente, existem 737 milhões de automóveis em todo o mundo. Em 1950, havia cerca de 53 milhões de automóveis nas estradas mundiais e, em 1990, a dimensão do parque automóvel mundial aumentou para 456 milhões. Em média, o parque automóvel cresceu cerca de 9,5 milhões de automóveis por ano durante este período (Bitew, 2002 citado World Bank, 1995). De acordo com (Bitew, 2002), o número de táxis que operam na cidade de Adis Abeba aumentou substancialmente e estima-se que se situe entre 10-12 000 ou (10%) da população de veículos da cidade. A contribuição dos táxis para o total de acidentes de viação em Adis Abeba é bastante substancial, sendo que o táxi médio contribui anualmente para cerca de 21% do total de acidentes de viação na cidade durante o período especificado.

O crescimento do número de automóveis particulares e de veículos de transporte de mercadorias conduz a um enorme aumento do número de veículos que utilizam a estrada e à transferência de passageiros dos transportes públicos para o automóvel particular, o que conduz ao declínio da utilização dos transportes públicos, responsável pelo crescimento dos transportes urbanos.

2.3.7.2. Organização institucional

O serviço de transporte em geral e, especificamente, o serviço de transporte rodoviário desempenham um papel importante no cumprimento dos interesses da natureza humana. Para este efeito, o serviço de transporte rodoviário requer cooperação e organizações para melhorar as interações económicas, sociais e culturais entre organizações (Feseha, 2010).

SafetyNet (2009) explica o quadro jurídico e organizacional que permite que a aplicação da lei pela polícia forneça a base para as operações de policiamento efectivas. Este quadro resultará em controlos policiais intensificados e bem planeados em locais selecionados da rede rodoviária, resultando num aumento do risco de apreensão. Como resultado, a taxa de infração diminuirá. As mudanças no comportamento dos utentes da estrada resultarão em menos acidentes de viação e menos vítimas de acidentes de viação, e em custos monetários reduzidos para a sociedade (benefícios sociais).

2.3.7.3. Factores de utilização da estrada

São muitos os factores que contribuem para a aplicação da regulamentação. Entre estes, o utilizador da estrada é o principal fator, que consiste na imprudência dos condutores, caracterizada pela ultrapassagem de veículos em sentido contrário, mudança de faixa sem sinalização ou paragem onde não há sinal de stop, tendência para não parar num semáforo vermelho e seguir outros veículos demasiado de perto, transportar mais do que a capacidade do veículo, o que resulta em problemas como o rebentamento de pneus, provavelmente devido à pressão exercida pela sobrecarga, o que provoca muitos acidentes (Muvuringi, 2012).De acordo com Feseha (2010), na Etiópia, conduzir a uma velocidade superior ao limite legal, conduzir de forma imprudente ou perigosa em zonas proibidas, não conduzir na berma direita da estrada, violar os sinais de trânsito, ultrapassar ilegalmente e não dar prioridade aos outros utentes da estrada são infracções previstas no Regulamento n.º 279/1963. O limite de velocidade nas estradas urbanas é de 60 km/hora e o limite máximo nas auto-estradas é de 120 km/hora.

A aplicação da lei deixa muito a desejar, porque a velocidade é uma das principais causas de acidentes de viação (OMS, 2011). Os peões são também as principais causas de acidentes de viação na Etiópia. A falta de utilização adequada da estrada e a não observância das leis e regulamentos relativos ao transporte rodoviário por parte dos peões é muito comum no nosso país, sendo que a maioria da população urbana pedestre nem sequer utiliza as faixas de pedestres para atravessar a estrada corretamente. Devido aos peões, em média 57 pessoas perdem a vida todos os anos. Além disso, a condução sem carta é uma das razões pelas quais os infractores causam o maior número de acidentes de viação na Etiópia. Os infractores são detidos pela polícia de trânsito quando conduzem sem uma licença válida. De acordo com Esayas (2001), as tarifas dos transportes são estabelecidas tendo em conta os custos de exploração, a tripulação dos condutores, os custos de manutenção das estradas e os custos de combustível, a fim de recuperar os seus custos, o valor dos activos e permitir-lhes obter lucros razoáveis com o serviço prestado pelo operador. Esayas sugere que as empresas de transportes eficientes podem facilmente emergir de um mercado bastante competitivo, os utilizadores beneficiarão de tarifas reduzidas e de uma maior disponibilidade de mercadorias e bens de consumo a preços mais baixos.

2.3.8. Transportes, desenvolvimento urbano e economia

O sistema de transportes é uma parte importante de uma cidade e o sucesso na garantia da mobilidade pode mesmo ser uma indicação de quão bem a cidade está realmente organizada. Os transportes e a utilização do solo estão inexoravelmente ligados. Tudo o que acontece com o uso do solo tem implicações nos transportes e todas as acções de transporte afectam o uso do solo (Centre for Urban Transportation Studies, 1999 citado em Anteneh, 2007).

Geerlings et al. (2005) demonstraram-no dizendo: "A questão dos transportes é, em parte, um efeito derivado da satisfação de todos os tipos de necessidades, desde as necessidades económicas às necessidades sociais". Isto porque os transportes são um sector importante na facilitação de diferentes actividades económicas na economia nacional (AACATA).

2.3.9. Sustentabilidade e transportes

Um sistema de transportes sustentável é aquele que: permite satisfazer as necessidades básicas de acesso dos indivíduos e das sociedades em segurança e de uma forma compatível com a saúde humana e dos ecossistemas, e com equidade intra e intergeracional, é acessível, funciona de forma eficiente, oferece a possibilidade de escolha do modo de transporte e apoia uma economia dinâmica, limita as emissões e os resíduos dentro da capacidade do planeta para os absorver, minimiza o consumo de recursos não renováveis, limita o consumo de recursos renováveis ao nível de rendimento sustentável, reutiliza e recicla os seus componentes e minimiza a utilização do solo e a produção de ruído (Transportes Sustentáveis, 2005).

A sustentabilidade social dos transportes urbanos refere-se à (má) distribuição social dos benefícios e custos dos serviços de transporte. Nalgumas cidades, é mais provável que as desigualdades de rendimento conduzam a - e sejam reproduzidas por - diferenças entre o acesso que as pessoas ricas e pobres têm aos transportes. As desvantagens de mobilidade enfrentadas pelas pessoas pobres traduzem-se rapidamente em desvantagens de mobilidade enfrentadas por todos os residentes urbanos marginalizados, nomeadamente mulheres e crianças, idosos e pessoas com deficiência, e aqueles que vivem na periferia urbana (Gordon P., 2013).

A sustentabilidade económica dos transportes urbanos é um grande desafio para as cidades. Os investimentos nos transportes devem ser rentáveis e sustentáveis e beneficiar a maioria dos contribuintes e dos residentes urbanos. Também as famílias urbanas enfrentam questões prementes sobre a acessibilidade futura das actuais práticas de transporte. No entanto, os transportes urbanos não podem estagnar: os transportes sustentáveis são cruciais para o funcionamento das economias urbanas e afectam os meios de subsistência dos habitantes das cidades. Não há provas de progressos no sentido de abandonar a dependência dos combustíveis fósseis no que respeita à sustentabilidade ambiental dos transportes urbanos. A adoção de combustíveis sem chumbo tem sido generalizada. No entanto, é necessário dar passos no sentido da incorporação de práticas ambientais nas agências e organismos de transportes urbanos (Ibid).

Transportation Planning (2004) aplicado ao sector dos transportes, o planeamento para a sustentabilidade pode incorporar uma variedade de estratégias para conservar os recursos naturais (incluindo a utilização de combustíveis limpos), encorajar outros modos que não os veículos de um só ocupante e promover estratégias de redução de viagens entre sectores, jurisdições e grupos. Esta é uma mudança importante porque as instituições existentes são frequentemente pouco adequadas para resolver problemas complexos e de longo prazo.

2.4. Revisão da literatura empírica

Existem estudos realizados sobre a aplicação da regulamentação do tráfego a nível mundial, em África e localmente na Etiópia em diferentes aspectos. Esta experiência, que consta da literatura, é a que se destina aos objectivos do estudo. Eis alguns dos estudos no domínio da aplicação das regras de trânsito. Um estudo realizado na Grécia (Yannis, Papadimitriou e Antoniou, 2008) centrou-se na determinação do impacto da intensificação da aplicação da lei nos acidentes mortais e nas vítimas de condução sob o efeito do álcool e do excesso de velocidade em diferentes regiões da Grécia. Para determinar o impacto de um programa de controlo intensificado nos acidentes em diferentes regiões, foi aplicada uma técnica de análise multinível multivariada para cada região. Os resultados deste estudo indicaram uma redução global dos acidentes devido à aplicação de um programa de controlo policial intensificado. O investigador concluiu que a intensificação da fiscalização tem um impacto direto no comportamento dos condutores. (Bjqrnskau e Elvik, 1992 citados em Godthelp e Wesemann, 2010) indicaram que o nível de aplicação regular da lei deve ser aumentado para ter um efeito sobre o comportamento e, assim, a segurança rodoviária reduzir a condução sob o efeito do álcool e do excesso de velocidade e aumentar o uso de capacete no Camboja. (Davis et al.2006 citados em Scott, 2010) relatam os resultados de uma abordagem agressiva da aplicação da legislação rodoviária na Califórnia. O estudo foi iniciado numa tentativa de descobrir se uma abordagem agressiva da aplicação da lei era eficaz na redução da incidência do total de acidentes rodoviários, bem como na redução do número de acidentes com feridos graves, acidentes mortais e acidentes mortais relacionados com a velocidade.

Bishai et al. (2008), no seu estudo sobre a relação custo/eficácia da aplicação das regras de trânsito: estudo de caso no Uganda, salienta que não existem dados sobre a relação custo/eficácia da aplicação das regras de trânsito acompanhados de nenhum dos estudos anteriores. No entanto, o estudo avalia os custos e a eficácia potencial do aumento do controlo do tráfego no Uganda. Com base no estudo, os custos do controlo da segurança rodoviária são baixos em comparação com o número potencial de vidas salvas e as receitas geradas. O reforço da aplicação das normas de segurança rodoviária existentes pode revelar-se uma intervenção de saúde pública extremamente rentável nos países de baixos rendimentos, mesmo na perspetiva do governo. Batalia (2001) efectua uma análise da aplicação dos sistemas legais e regulamentares relativos às operações de transporte rodoviário. O estudo demonstrou que as leis e os regulamentos que regem a gestão do tráfego rodoviário e a segurança dos transportes na África Oriental. Com base no inquérito, as leis e regulamentos que regem a gestão do tráfego rodoviário são bastante semelhantes, com apenas pequenas variações, incluindo a velocidade e as horas de condução, o controlo das licenças, a exigência e a aplicação de inspecções anuais obrigatórias aos veículos, a aplicação das leis do tráfego é tão fraca na África Oriental como na maioria dos países em desenvolvimento, principalmente devido à falta de pessoal, de equipamento de trabalho e à ineficácia dos conselhos nacionais de segurança rodoviária.

Anreiter (2000) afirma que o quadro regulamentar determina a forma como os serviços de transporte são concebidos, planeados e produzidos. A definição de regras transparentes para a atribuição de responsabilidades e a partilha de riscos entre os diferentes agentes do sistema é, assim, um instrumento indispensável para a gestão dos transportes. Os operadores de diferentes modos e as autoridades de diferentes entidades jurídicas têm de coexistir no tempo e no espaço.

Os actuais regulamentos etíopes de controlo do tráfego (Código da Estrada) baseiam-se nos regulamentos de alteração dos transportes (n.º 279/1963) promulgados em 1963. Os regulamentos prevêem disposições abrangentes para regular o funcionamento do tráfego e as precauções de segurança nessa altura, mas são muito inadequados em todos os aspectos dos requisitos de tráfego actuais (ECA, 2009). Mas o novo regulamento sobre o tráfego rodoviário é mais abrangente e mais rigoroso do que o seu antecessor. No entanto, o número de acidentes de viação e de infracções cometidas é elevado e está a aumentar, mesmo sem ter em conta os casos de acidentes não comunicados (Bitew, 2002).

A Etiópia não tem uma política de transportes definida. No entanto, o Governo da Etiópia tem uma estratégia e programas a longo prazo. De acordo com o estudo de caso do TCE (2009) na Etiópia, a legislação e os regulamentos em matéria de transportes utilizados no país não são totalmente aplicados. Assim, um estudo de caso identificou problemas relacionados com a legislação em matéria de transportes rodoviários, entre os quais (1) a má interpretação e os mal-entendidos das definições de poderes e deveres dos órgãos federais e regionais de transportes; e (2) as alterações, supressões e substituições de legislações e regulamentos antigos sem compilação sistemática são os mais importantes para a segurança do tráfego rodoviário.

No entanto, o atual governo, a fim de resolver os problemas acima referidos, tentou introduzir proclamações, regulamentos e diretivas. Consequentemente, a Proclamação dos Transportes n.º 468/2005, o Regulamento n.º 205/2011, o Regulamento n.º 206/2011 e o Regulamento n.º 208/2011 são ratificados para promover o desenvolvimento de todos os aspectos dos transportes.

Feseha (2010), na sua tese, expressou que a disposição penal nas proclamações e regulamentos existentes prevê que qualquer pessoa que viole ou que cometa qualquer infração contra a sua disposição seja punida em conformidade com a disposição do código penal. A disposição do código relevante para as violações das regras e regulamentos dos transportes rodoviários é tratada ao abrigo do código penal do artigo 354, 355, 364, 499-502, 764, 782 e 783.Dependendo da sua natureza, qualquer infração cometida em violação da legislação relativa aos transportes rodoviários deve ser abrangida por uma ou mais das disposições destes artigos do código penal, que incluem penas de prisão simples, coimas, prisão rigorosa, retirada e suspensão da licença.

De acordo com Feseha (2010), o Código Penal, no seu artigo 525.º, os condutores de veículos a motor devem possuir uma carta de condução válida para poderem conduzir veículos na estrada. É uma infração conduzir um veículo a motor em qualquer estrada, a menos que o condutor seja titular de uma carta de condução válida, concedida em conformidade com as leis e regulamentos em vigor. O proprietário de um veículo a motor não deve permitir que qualquer pessoa conduza o seu veículo, exceto se essa pessoa for titular de uma carta de condução válida.

De acordo com o disposto no artigo 35.º, os agentes da polícia de trânsito devidamente autorizados por lei podem requerer uma inspeção especial, em qualquer momento, relativamente a qualquer veículo a motor que, obviamente: não esteja tecnicamente apto a circular em terra; não esteja em conformidade com as normas estabelecidas nas leis e regulamentos relativos à construção de veículos, tamanho e peso do equipamento ou tenha sofrido danos substanciais num acidente rodoviário (RTTCM, 2011).

2.5. Lacuna de investigação

Foram feitas várias tentativas a nível internacional para mostrar o papel da aplicação das regras de trânsito de diferentes perspectivas. Para além da literatura empírica acima referida, Scott (2010) investigou a eficácia da aplicação da lei nos acidentes rodoviários. Segundo ele, uma grande parte dos acidentes é causada pelo facto de os utentes da estrada não cumprirem as leis e os regulamentos de trânsito. Os níveis mais elevados de controlo policial conduzem a uma diminuição do número de acidentes. Os seus resultados mostraram consistentemente uma ligação entre o aumento da aplicação da lei e uma diminuição do número de acidentes. Também (Pigman e Agent, 1984 citado em Romero e Enrique2014) avaliaram a eficácia do aumento da fiscalização, visando acidentes relacionados com álcool e drogas em locais selecionados. A análise foi efectuada a fim de determinar o impacto da aplicação da lei nos acidentes relacionados com o álcool e as drogas. Os resultados da análise indicaram que o aumento da fiscalização reduz significativamente o número de acidentes envolvendo álcool em todos os locais avaliados. Zaidel (2002) analisou a eficácia do controlo policial na segurança rodoviária. As provas que afirmam a eficácia da aplicação da lei provêm do aumento dos esforços de aplicação da lei em projectos e experiências orientados para estradas selecionadas, alguns comportamentos e/ou períodos de tempo específicos. (Romero, 2014) determinou o impacto das actividades de fiscalização do tráfego durante as horas extraordinárias na ocorrência de acidentes. Os resultados demonstram que as actividades de controlo do tráfego durante as horas extraordinárias têm um impacto positivo nos acidentes mortais e com feridos graves relacionados com o álcool e as drogas, bem como nos acidentes mortais e com feridos graves relacionados com o cinto de segurança.

Esses estudos avaliaram a eficácia do controlo na segurança rodoviária e identificaram os benefícios do controlo em relação aos acidentes de viação. No entanto, nenhum dos estudos se debruçou sobre a avaliação do controlo em relação à prestação de serviços de transporte. Além disso, nenhum estudo foi efectuado a nível nacional e local sobre este tema. Por conseguinte, este estudo é adequado para avaliar a aplicação da regulamentação em associação com a prestação de serviços de transporte.

2.6. Quadro concetual do estudo

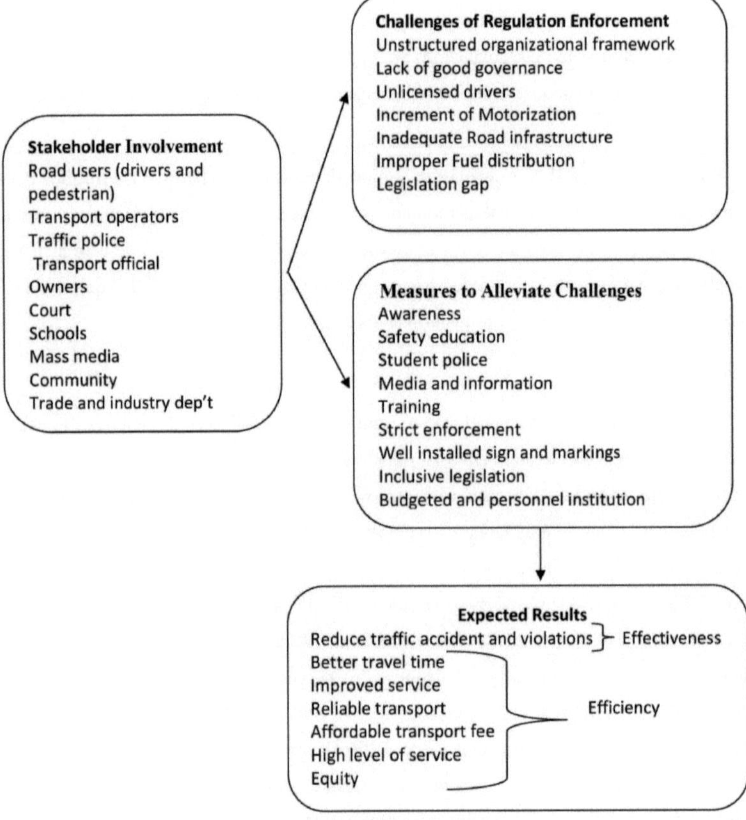

Fonte: (organizado pelo investigador a partir da literatura)

3. Conceção e metodologia da investigação

3.1. Introdução

Esta secção apresenta a metodologia e a conceção da investigação utilizada para a realização desta tese. Inclui o método de investigação, o tipo de investigação, a abordagem de investigação, o instrumento de recolha de dados, a conceção da amostragem, as fontes de dados e a forma de análise e apresentação dos dados. A metodologia é a alma de todo o trabalho que é necessário efetuar e determina a eficácia dos resultados finais da tese. Trata-se de uma investigação cuidadosa e sistemática sobre um assunto, a fim de descobrir ou rever os factos, as teorias e a aplicação (Luci, 2010).

3.2. Definição de termos operacionais

Na presente tese, os seguintes termos operacionais foram utilizados apenas para efeitos do presente estudo

A eficiência é a medida em que o esforço de transporte para produzir um resultado específico numa comparação entre um fornecedor de transporte e os utilizadores em relação à qualidade do transporte que inclui o desempenho do sistema (frequência do serviço, tempo de viagem, preço acessível, fiabilidade, segurança, utilização) e a satisfação com a tecnologia e os recursos humanos existentes. É descrita de forma qualitativa. É simplesmente a viabilidade de obter um melhor desempenho com as condições e recursos existentes.

A eficácia diz respeito principalmente à realização dos objectivos. É a capacidade de produzir os resultados desejados em matéria de transportes. É atestada no estudo através da comparação dos dados de acidentes antes e depois, da comparação da redução das infracções de trânsito antes e depois dos anos e do levantamento das queixas dos cidadãos através de um questionário.

A boa governação é descrita neste estudo como boa administração, ausência de corrupção, responsabilidade, presença de medidas rigorosas, empenho e prestação eficaz de serviços.

O agregado familiar é uma pessoa que gere economicamente o agregado familiar. Pode ser homem ou mulher
Kebeleé a estrutura governamental mais baixa

A mobilidade é a capacidade de se mover ou ser movido livre e facilmente.

Ultrapassar ou passar é o ato de um veículo passar por outro veículo mais lento, que circula na mesma direção, numa estrada.

O tráfego rodoviário é um fluxo de qualquer veículo motorizado e não motorizado. Mas, neste contexto, apenas nos concentramos nos transportes motorizados, especialmente no sistema de transportes públicos.

Os transportes sustentáveis referem-se às necessidades básicas de acesso e desenvolvimento dos indivíduos, das empresas e da sociedade, que devem ser satisfeitas de forma segura e compatível com a saúde humana e dos ecossistemas, e promovem a equidade.

O desenvolvimento sustentável (DS) é um processo para alcançar a sustentabilidade em qualquer atividade que utilize recursos e coincida com um maior crescimento económico e desenvolvimento humano na economia (e na sociedade) para encontrar os meios de desenvolvimento contínuo para além do desenvolvimento económico. É descrito no que respeita ao ambiente e à segurança.

O desempenho do sistema é o conjunto completo de elementos de desempenho que descrevem o desempenho do trânsito: um fator qualitativo utilizado para avaliar um aspeto específico do serviço de trânsito. Dá uma visão clara do atual status quo, da qualidade e do desempenho dos sistemas de transporte das cidades.

A regulamentação do trânsito é uma regra que vai desde o nível nacional ao local e inclui leis, proclamações e diretivas da estrada que utilizam uma variedade de mecanismos de controlo para regular o fluxo seguro do trânsito ou um sistema de controlo do movimento de veículos e peões, principalmente nas ruas da cidade, utilizando leis.

Controlo de tráfego que executa regras numa estrada para detetar veículos e infracções de tráfego.

O planeamento dos transportes é um plano que envolve a avaliação, a avaliação, a conceção e a instalação de meios de transporte como ruas, auto-estradas, ciclovias e linhas de transportes públicos para melhorar a mobilidade de veículos e peões, o trânsito, a satisfação, o processo organizacional.

A polícia de trânsito é uma polícia cuja função consiste em controlar a circulação dos veículos numa estrada ou em mandar parar os condutores que infringem a lei e em notificá-los da infração cometida.

3.3. Abordagem de investigação

Este estudo utiliza abordagens qualitativas e quantitativas. A abordagem qualitativa seria utilizada para lidar com a avaliação subjectiva da atitude, opinião e comportamento dos inquiridos relativamente à eficiência e eficácia da aplicação da regulamentação do tráfego rodoviário, e a abordagem quantitativa é utilizada para tirar conclusões através de resultados estatísticos.

3.4. Conceção da investigação

A conceção da investigação é decisiva para permitir a recolha eficaz de informações relevantes e produzir uma conclusão válida. Assim, neste estudo, foi utilizada uma conceção de investigação descritiva e explicativa para recolher dados qualitativos e quantitativos sobre a eficiência e a eficácia da aplicação da regulamentação dos transportes rodoviários em Mizan-Aman. De acordo com (Kothari, 1985), a investigação descritiva inclui inquéritos e inquéritos para apuramento de factos de diferentes tipos e a explicativa é utilizada para responder a questões de porquê, explicando a razão por detrás da ocorrência do problema e descobrindo situações em que é necessária uma intervenção para dar respostas a questões de investigação específicas.

Tabela 3.1 Quadro de operacionalização

Objetivo da investigação	Conceitos	Variáveis	Método de recolha de dados	Método de análise dos dados
Avaliar a situação atual de controlo do	Eficiência	ServiçoFrequência , Tempo de viagem, custo de transporte (taxa), fiabilidade,	Questionário, Entrevista	Análise descritiva

cumprimento das regras de trânsito		segurança, utilização, Satisfação		
	Eficácia	Nível de realização do objetivo (resultado): Redução dos dados relativos a acidentes e infracções de trânsito	Questionário, Entrevista	Análise descritiva, Análise narrativa
	Responsivo	Perceção dos diferentes grupos de comunidades	Questionário, entrevista, observação	Análise descritiva, Análise temática, Análise narrativa
	Sustentabilidade	Continuidade	Questionário, Entrevista	Análise descritiva, Análise temática
Avaliar os factores que dificultam a aplicação das regras de trânsito	Deficiências	Configuração organizacional, governação, plano, Controlo e Avaliação	Questionário, Entrevista	Análise descritiva, análise temática, análise narrativa,
		Habilidade, Atitude	Questionário, Entrevista	Análise descritiva, Análise narrativa
		Capital humano	Questionário, Entrevista	Análise descritiva
	Recursos	Entrada(Salário, Atribuição)	Questionário	Análise descritiva, Análise temática
	Capacidade	Integrações de partes interessadas	Questionário, Entrevista	Análise descritiva, Análise temática
	Organização	Desempenho, relação de autoridade	Questionário, Entrevista	Análise descritiva, Análise temática
Avaliar o impacto de aplicação da regulamentação no domínio dos transportes	Consequência	Desvantagens	Questionário, Entrevista, Observação	Análise descritiva, análise temática, análise narrativa,

3.5. Tamanho da amostra

De acordo com a projeção da CSA (2012), a população total da cidade é de 38.733 habitantes e o número médio de pessoas no agregado familiar é de 7,8 na cidade, pelo que existem 4966 agregados familiares na cidade. (Bartlet et al. 2001) definiu a fórmula para determinar a dimensão da amostra especificando a margem de erro de 7%, com 93% de nível de confiança. É a distribuição normal padrão que se desvia no nível de confiança requerido de significância é de 7%. Assim, a dimensão da amostra necessária para esta investigação foi determinada utilizando a seguinte fórmula:

$$1. if N \geq 10,000 then, sample size \qquad n = \frac{z^2 pq}{d^2}$$

Onde N=Tamanho da população do agregado familiar

n=tamanho desejado da amostra, Z=a um nível de confiança de 93%, que é 1,81

P=caraterísticas estimadas da população-alvo; q=1-p

d=nível de significância do teste (7%) erro de margem

Por conseguinte, a proporção de um grupo da sociedade é de 0,50, a estática Z é de 1,81 e a exatidão desejada ao nível de 0,07, então a dimensão do agregado familiar superior a 10 000 seria:

$n = \frac{z^2 pq}{d^2}$ Where Z= 1.81 p=0.5 q=1-p d=0.07

$$n = \frac{(1.81)^2 \times (0.5) \times (0.5)}{(0.07)^2} = 167.14$$

$\approx$ 167 For N $\geq$10,000

Uma população com menos de 10 000 habitantes (Bartlet et al. 2001) desenvolveu uma equação para obter uma amostra representativa das proporções. O agregado familiar da área de estudo é de 4966, o que é inferior a 10 000, pelo que foi aplicada a equação de abordagem estatística para determinar a fórmula da dimensão da amostra

$$2. if N \leq 10,000 then, sample size$$

$$fn = \frac{n}{1 + \frac{n}{N}}$$

Por conseguinte, N=4966 e n=167, a amostra passa a ser calculada:

$$fn = \frac{167}{1 + \frac{167}{4966}} \qquad n = 162$$

da população da área de estudo

Foram selecionadas 162 populações para o estudo e foi utilizada a técnica de amostragem aleatória sistemática para selecionar os agregados familiares inquiridos. Além disso, foram selecionadas propositadamente cinco amostras de cada operador de transportes, condutores, polícia de trânsito e agentes dos transportes. Como resultado, foram selecionados para amostragem 182 indivíduos.

É importante determinar a dimensão da amostra com base no grau de exatidão e na margem de erro. Esta tese foi conduzida utilizando um nível de confiança de 93%, cujo valor Z é 1,8 e um erro de margem (7%). Este nível de confiança foi utilizado para reduzir o número de amostras devido à antecipação de uma escassez de financiamento, a restrições de tempo, à incapacidade de pagar o coletor de dados e à natureza do questionário. Uma vez que o agregado familiar inquirido é homogéneo na área de estudo, o nível de confiança de 93% é representativo porque a amostra é capaz de tolerar a resposta de um inquirido homogéneo.

3.6. População e amostra

A população é um grupo de pessoas, do qual é retirada a amostra para medição estatística. A população deste estudo é um agregado familiar que utiliza os transportes para diferentes actividades na cidade de Mizan-Aman. Com base na projeção populacional da CSA (2012), a população total da cidade de Mizan-Aman era de 38 733 habitantes. Atualmente, existem 4966 agregados familiares na cidade.

Neste estudo, o tamanho do agregado familiar foi identificado para cada kebeles através de uma probabilidade proporcional ao tamanho do agregado familiar total na cidade. O sistema de probabilidade proporcional dá uma oportunidade igual aos inquiridos das kebeles proporcionalmente e foi utilizado para acomodar a homogeneidade dos inquiridos dos agregados familiares. De acordo com isto, em termos de tamanho da população das kebeles, as amostras de agregados familiares foram determinadas da seguinte forma:

Tabela 3.2. População da cidade

Nome das kebeles	Número de quadros de amostragem	Tamanho da amostra proporcional	Proporção em percentagem	Intervalo de amostragem (n)th
Hebreu	843	$\frac{843 \times 162}{4966} = 28$	16.9	843/28 ≈30
Kometa	1025	$\frac{1025 \times 162}{4966} = 33$	20.6	1025/33 ≈31
Abajur	1080	$\frac{1080 \times 162}{4966} = 35$	21.7	1080/35 ≈31
Shasheka	819	$\frac{819 \times 162}{4966} = 27$	16.4	819/27≈30
Addis Ketema	1199	$\frac{1199 \times 162}{4966} = 39$	24.1	1199/39 ≈31
Total do agregado familiar	4966	162	100%	

Fonte: Gabinete de Desenvolvimento Urbano de Bench Majji, 2015

Com base nisto, a amostra do agregado familiar inquirido de cada kebele foi recolhida através da técnica de amostragem aleatória sistemática. Ou seja, com um intervalo de 30 agregados familiares, foram recolhidos dados dos inquiridos das kebeles de Hebret e Shasheka e, com um intervalo de 31 agregados familiares, foram recolhidos dados das kebeles de Kometa, Edget e Addis Ketema para abordar esta tese. Além disso, foi utilizado o método de amostragem por objetivo para a polícia de trânsito, os operadores de transportes, os condutores e os funcionários dos transportes, uma vez que são informadores-chave.

3.7. Quadro de amostragem

A base de amostragem deste estudo foi a lista de agregados familiares nas respectivas kebeles, operadores de transportes, condutores, polícia de trânsito e funcionários do departamento de transportes da cidade de Mizan-Aman.

3.8. Unidade de amostragem

As unidades de amostragem ou unidades de análise neste estudo foram os agregados familiares individuais, os operadores de transportes, os condutores, a polícia de trânsito e os funcionários dos transportes na cidade de Mizan-Aman.

3.9. Técnica de amostragem

Trata-se de um plano de seleção de uma amostra representativa de uma população-alvo, que representa as caraterísticas da população que se adequam ao objetivo da investigação. No estudo foram utilizadas técnicas de amostragem probabilísticas e não probabilísticas. A amostragem probabilística é utilizada para minimizar os enviesamentos e garantir a representatividade do estudo devido à probabilidade de dar igual oportunidade à população-alvo e a amostragem não probabilística também foi utilizada neste estudo para obter informações de informadores-chave.

A amostragem proporcional foi utilizada nesta investigação para identificar o agregado familiar da amostra, a técnica de amostragem aleatória sistemática é empregue para selecionar o inquirido representativo e o método de amostragem propositivo para obter dados dos informadores-chave. Assim, é mais representativa de uma população porque garante que os elementos de cada kebele estão representados na amostra.

3.10. Fonte de dados e técnica

Para este estudo, foram utilizadas fontes de dados primárias e secundárias. O investigador pretende obter dados relevantes para atingir o objetivo. Os dados primários foram recolhidos através de um questionário que contém perguntas fechadas e abertas, de entrevistas estruturadas e semi-estruturadas e de observações utilizadas para esta investigação.

Os dados secundários foram utilizados para esta investigação a partir de diferentes livros publicados e não publicados, teses e materiais de arquivo obtidos em vários gabinetes, incluindo regras, regulamentos e diretivas dos níveis federal, regional e zonal, gazeta negarit e sítios Web da Internet. Para além disso, foram utilizados para o estudo o plano e os resultados do GTP One da polícia de trânsito da cidade de Mizan-Aman.

Neste estudo, foi utilizada a técnica de dados da escala de Likert de três e cinco pontos para avaliar a opinião, a atitude, a concordância, a discordância e a extensão da situação.

3.11. Método de recolha de dados

A fim de recolher dados, foram desenvolvidos e utilizados diferentes instrumentos. Foram recolhidos dados qualitativos e quantitativos junto dos beneficiários inquiridos, utilizando um conjunto de perguntas abertas e fechadas, entrevistas estruturadas e semi-estruturadas e observação.

Foi utilizado um questionário para recolher informações pertinentes e em primeira mão junto de uma amostra selecionada de utentes dos transportes sobre a aplicação das regras de trânsito. Foi utilizado como principal instrumento de recolha de dados, traduzido para amárico, para recolher dados adequados. As perguntas foram colocadas diretamente e preenchidas pelo investigador, antecipando a possibilidade de não haver resposta por parte de quem não sabe ler e escrever.

O investigador utilizou um conjunto de perguntas estruturadas e semi-estruturadas para atingir o objetivo. A este respeito, ambos os tipos de entrevista são feitos com o inquirido da amostra, polícia de trânsito, agentes de transportes, condutores e operadores de transportes para obter dados úteis para esta tese.

A observação é também utilizada como instrumento de recolha de dados através da observação pessoal. Na observação direta, o investigador observa a situação sem pedir aos inquiridos que avaliem a extensão das questões para determinar a sua eficiência e eficácia.

3.12. Análise e apresentação de dados

Os dados recolhidos foram analisados com o SPSS e o Excel, e a estatística descritiva foi apresentada através de ferramentas estatísticas como a figura, a tabela e o formulário descritivo. O investigador pretende interpretar os dados analisados de acordo com o seu tipo e natureza, qualitativa e quantitativamente.

3.13. Métodos de garantia de dados

A validade é o grau em que um teste mede o que pretende medir (Creswell, 2009). A validade é definida como a exatidão e o significado das inferências que se baseiam nos resultados da investigação. É o grau em que os resultados obtidos a partir da análise dos dados representam efetivamente os fenómenos em estudo. Para este estudo, foi testado um questionário junto de potenciais inquiridos para tornar os instrumentos de recolha de dados objectivos, relevantes, adequados ao problema e fiáveis, através de um inquérito-piloto em que foram enviados 15 questionários. Com base neste teste, o questionário final foi aperfeiçoado, eliminando perguntas desnecessárias. Finalmente, a versão melhorada dos questionários foi impressa, duplicada e enviada.

3.14. Conclusão

Em conclusão, o investigador utilizou o tipo de investigação descritiva e explicativa para descrever a situação existente, recorrendo a abordagens qualitativas e quantitativas. A fim de atingir o objetivo e responder aos questionários concebidos para o estudo, foram utilizados no estudo dados primários recolhidos através de instrumentos de investigação, bem como dados secundários referenciados em livros, na Internet e na imprensa escrita. Para recolher os dados primários, foram utilizados questionários, entrevistas e observação no terreno como instrumentos de recolha de dados. A amostra foi selecionada através de técnicas probabilísticas e não probabilísticas e os dados recolhidos foram codificados, tabulados e analisados utilizando SPSS, Excel e estatísticas descritivas, sendo depois apresentados através de tabelas, gráficos e formas descritivas de acordo com o objetivo do estudo.

4. Análise e interpretação de dados

4.1. Introdução

Este capítulo está organizado em diferentes subsecções. Cada subsecção engloba os resultados e a discussão da investigação global relacionada com os objectivos do estudo. Os dados primários recolhidos através de um questionário e de uma entrevista foram analisados, apresentados e interpretados utilizando várias ferramentas de análise e apresentação de dados. Além disso, os dados secundários foram descritos com várias ferramentas estatísticas, tais como tabelas, percentagens e números. No estudo, os dados demográficos dos inquiridos, que incluem a idade, o nível de escolaridade, a religião, o estado civil, a dimensão do agregado familiar, o tipo de ocupação e as classificações do rendimento mensal dos agregados familiares, são avaliados posteriormente na cidade de Mizan-Aman. Este capítulo apresenta e discute principalmente os resultados da investigação relacionados com os objectivos do estudo, que consistiam em abordar a eficiência e a eficácia da regulamentação do tráfego rodoviário, avaliando a situação existente em matéria de aplicação da regulamentação do tráfego, identificando os factores que impedem a aplicação da regulamentação do tráfego e os efeitos que resultaram numa associação com a aplicação da regulamentação.

4.2. Taxa de resposta

Do total de 162 agregados familiares que serviram de amostra para esta tese, foram utilizados para o estudo 159 questionários (taxa de resposta de 98,1 por cento). Esses 159 agregados familiares inquiridos foram selecionados através de uma técnica de amostragem aleatória sistemática de cada kebeles e 20 respostas de funcionários de amostragem intencional foram gentilmente qualificadas para a entrada e análise de dados utilizados como contributo para este trabalho de investigação. As áreas temáticas desta investigação foram formuladas de forma a responderem aos objectivos específicos da investigação. Em cada área, a discussão das respostas foi resumida e explicada nos resultados de cada objetivo da investigação.

4.3. Caraterísticas demográficas e socioeconómicas dos inquiridos

As leis de trânsito e a propensão para cometer infracções de trânsito não estão reservadas apenas aos condutores, pois todos os utentes da estrada diferem em função das suas caraterísticas. Assim, as caraterísticas sociais, como a idade, o nível de instrução, a religião, o estado civil, a dimensão do agregado familiar, o tipo de ocupação e a classificação do rendimento mensal do agregado familiar, influenciam a conformidade dos utentes da estrada com as regras de trânsito e as medidas de execução. De facto, permite ao investigador obter ampla informação de diferentes pessoas com diferentes caraterísticas relativamente à eficiência e eficácia da aplicação das regras de trânsito.

4.3.1. Tipo de profissão dos inquiridos

O resultado da Tabela 4.1 indica que, dos inquiridos da amostra, 62 (39%) foram contratados pelo governo. Além disso, 58 (36,5 por cento) trabalhavam no sector privado, 32 (20,1 por cento) estavam desempregados, 4 (2,5 por cento) estavam reformados e 3 (1,9 por cento) eram voluntários. Isto mostra que os inquiridos têm diferentes estatutos profissionais e, por conseguinte, a recolha de dados junto de classes económicas tão diferentes ajuda a obter dados viáveis.

Tabela: 4.1. Distribuição dos inquiridos por tipo de profissão

Ocupação	Funcionário público	Empregado privado	Ajuda e voluntariado	Desempregado	Reformado	Total
Frequência	62	58	3	32	4	159
Percentagem	39	36.5	1.9	20.1	2.5	100

Fonte: Inquérito de campo, 2015

4.3.2. Nível de rendimento do inquirido

Como se pode ver na Figura 4.1, a maioria dos inquiridos tem um nível de rendimento de 2351-3550 birr por mês. Este relatório mostra-nos que a maioria dos inquiridos tem um rendimento médio.

Figura 4.1: Nível de rendimento dos inquiridos

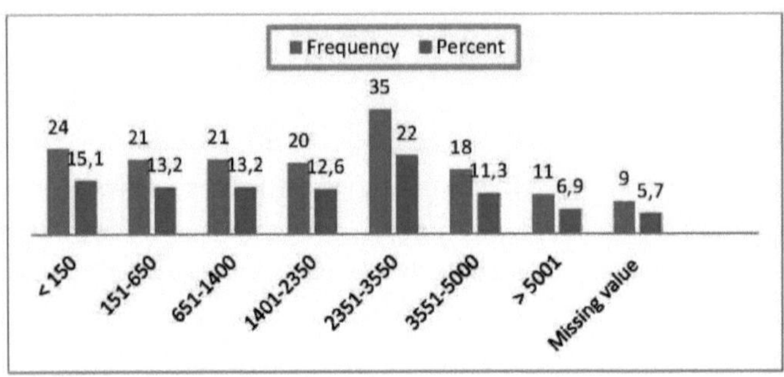

Fonte: Inquérito de campo, 2015

4.3.3. Nível de escolaridade dos inquiridos

O nível de instrução é um dos factores mais determinantes utilizados na análise da qualidade da conformidade da regulamentação do tráfego. O conhecimento e a competência obtidos através da educação determinam o tipo de competência que o indivíduo tem para exercer o seu direito e responsabilidade contra as infracções rodoviárias. O nível de competências, por sua vez, indica até que ponto uma pessoa é suscetível de ver o conteúdo das leis de trânsito e das queixas de trânsito.

Como mostra claramente a Tabela 4.2, muitos dos inquiridos, que representavam cerca de 45 (28,3 por cento) dos inquiridos, tinham atingido o ensino secundário, 29 (18,2 por cento) dos inquiridos tinham o 1º ao 8º ano, 29 (18,2 por cento) eram titulares de um diploma de bacharelato, 25 (15,7 por cento) liam e escreviam e 22 (13,8 por cento) tinham um diploma de colégio. Assim, a partir da tabela, podemos perceber que os inquiridos tinham um nível de educação mais elevado. Assim, podem facilmente compreender e encaminhar a aplicação da regulamentação em curso para uma solução eficaz ou não.

Tabela: 4.2. Distribuição dos inquiridos por nível de escolaridade

Nível de educação	Não ler e escrever	Ler e escrever	Grau 1-8	Grau 9-12	Diploma universitário	Bacharelato	Mestrado ou superior	Total
Frequência	7	25	29	45	22	29	2	159
Percentagem	4.4	15.7	18.2	28.3	13.8	18.2	1.3	100

Fonte: Inquérito de campo, 2015

4.3.4. Idade do inquirido

A Tabela 4.3 mostra a distribuição dos inquiridos por grupo etário. Apresenta as percentagens do número total de agregados familiares no grupo etário. A maioria dos inquiridos 85 (53,5 por cento) tinha entre 31-40 anos, 56 (35,2 por cento) tinham entre 41-50 anos, 14 (8,8 por cento) tinham entre 20-30 anos e 4 (2,5 por cento) tinham mais de 51 anos. É muito importante obter informações completas de diversos grupos etários que têm experiências diferentes.

Tabela: 4.3.Distribuição dos inquiridos por categoria de idade

Idade	20-30 anos de idade	31 -40 anos de idade	41-50 anos	Mais de 51 anos	Total
Frequência	14	85	56	4	159
Percentagem	8.8	53.5	35.2	2.5	100

Fonte: Inquérito de campo, 2015

4.3.5. Religião do inquirido

Como mostra a Tabela 4.4, entre os inquiridos ortodoxos e protestantes, 71,7% são ortodoxos e 22% islâmicos. Neste estudo é vital considerar a religião do inquirido porque qualquer religião tem os seus próprios eventos religiosos. Por isso, é utilizada como fonte de geração de viagens, em que os inquiridos têm a possibilidade de utilizar os transportes para festas religiosas e outras actividades relacionadas.

Tabela: 4.4.Distribuição dos inquiridos por grupo de religião

Religião	Cristão ortodoxo	Islão	Cristão Protestante	Católico cristão	Testemunha de Johva	Sem resposta (valor em falta)	Total
Frequência	68	35	46	3	5	2	159
Percentagem	42.8	22	28.9	1.9	3.1	1.3	100

Fonte: Inquérito de campo, 2015

4.3.6. Estado civil do inquirido

Os dados apresentados na Tabela 4.5 mostram que, uma grande proporção de 87 (54,7%) dos inquiridos eram casados, 57 (35,8%) não eram casados (solteiros), 10 (6,3%) eram separados e 5 (3,1%) eram viúvos. Os dados indicaram que a maioria dos agregados familiares da amostra eram famílias casadas que eram responsáveis pelo rendimento do agregado familiar, pelas tarefas domésticas, pelos cuidados com os filhos e por outras actividades. Consequentemente, aspiravam a utilizar os transportes para satisfazer as suas necessidades em diferentes actividades.

Tabela: 4.5. Distribuição dos inquiridos por estado civil

Estado civil	Individual	Casado	Separados	Viúva	Total
Frequência	57	87	10	5	159
Percentagem	35.8	54.7	6.3	3.1	100

Fonte: Inquérito de campo, 2015

4.3.7. Dimensão do agregado familiar do inquirido

Em relação ao número médio de membros do agregado familiar do total de inquiridos, cerca de 70 (44%) dos inquiridos têm entre três e seis famílias, 28 (17,6%) têm entre 7 e 10 membros do agregado familiar e 61 (38,4%) dos inquiridos têm menos de três membros

do tamanho da família. Por conseguinte, o relatório mostra que os agregados familiares com 3-6 pessoas utilizam mais transportes do que um único indivíduo para satisfazer as suas necessidades pessoais.

Tabela: 4.6. Distribuição dos inquiridos por dimensão do agregado familiar

Dimensão do agregado familiar	Menos de 3 famílias	3- 6 família	7-10 família	Total
Frequência	61	70	28	159
Percentagem	38.4	44	17.6	100

Fonte: Inquérito de campo, 2015

4.4. Resultados

4.4.1. Avaliação da prática atual de aplicação das regras de trânsito

O primeiro objetivo específico do estudo era avaliar até que ponto a aplicação da regulamentação do tráfego na cidade de Mizan-Aman. Para tal, foram analisados, no âmbito deste objetivo específico, a utilização de sinais e marcas de trânsito, a situação da sobrecarga na cidade, o desempenho da aplicação das regras de trânsito, o nível de satisfação dos passageiros com a prestação de serviços de transporte, os cuidados ambientais e a sustentabilidade, a taxa de acidentes rodoviários e as infracções.

4.4.1.1. Nível de utilização de sinais e marcas de trânsito

Como se pode ver na Figura 4.2, dos agregados familiares inquiridos relativamente à utilização dos sinais e marcas de trânsito pelos utentes da estrada, a maioria 69 (43,4 por cento) referiu que utilizava muito mal os sinais e marcas de trânsito instalados que orientam os movimentos na cidade. 39 (24,5 por cento) são maus,

19 (11,9 por cento) utilizam de forma correta, 9 (5,7 por cento) utilizam de forma razoável. Por outro lado, apenas 23 (14,5 por cento) dos agregados familiares incluídos na amostra afirmaram utilizar corretamente os sinais de trânsito.

A partir dos dados, podemos constatar que a maioria das pessoas residentes na cidade não utilizava corretamente os sinais de trânsito e as marcações.

Figura 4.2. Utilização de sinais e marcas de trânsito

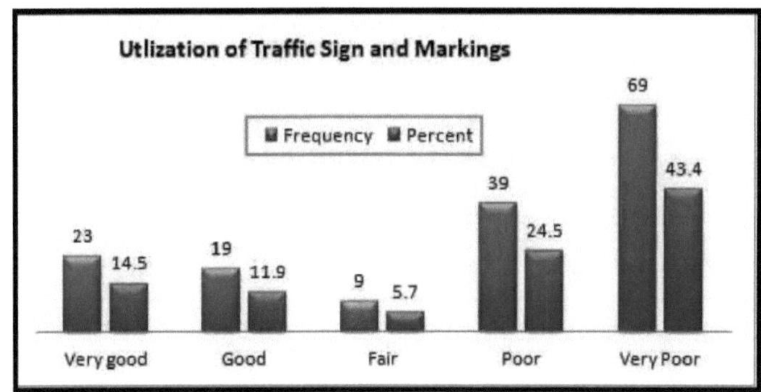

Fonte: Inquérito de campo, 2015

4.4.1.2. Nível de embarque de passageiros

A figura 4.3 mostra o nível de embarque na cidade. De acordo com a amostra de inquiridos, 63 (39,6 por cento) dos inquiridos indicam que os veículos de passageiros embarcam frequentemente em excesso. Cerca de 32 (20,1%) dos inquiridos consideram que os veículos estão sempre a embarcar passageiros em excesso e 33 (20,8%) inquiridos referem que os veículos embarcam passageiros em excesso ocasionalmente. Em contrapartida, apenas 5,7% e 13,8% dos inquiridos responderam que os veículos de passageiros nunca e raramente transportam passageiros em excesso, respetivamente.

Figura 4.3. Resposta do inquirido sobre as caraterísticas do internato

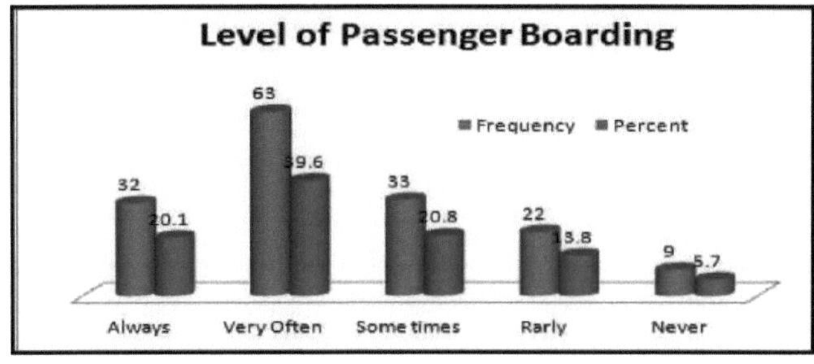

Fonte: Inquérito de campo, 2015

De acordo com a entrevista semi-estruturada, foram articulados muitos problemas relacionados com o nível de embarque. Entre estes, são comuns os casos em que os passageiros são obrigados a sentar-se de forma contestatária ou são convidados a sair, sofrendo asfixia, e a possibilidade de a roupa ficar suja (Quadro nº 1).

4.4.1.3. O nível de desempenho atual da regulação do tráfego em Mizan-Aman

A Tabela 4.7 mostra que, em relação ao desempenho da aplicação das regras de trânsito na cidade, a maior frequência de inquiridos, ou seja, 108 (67,9 por cento), referiu que a aplicação das regras de trânsito em curso é muito má. Seguiram-se 27 (17%) que referiram ser medíocre e 13 (8,2%) que é satisfatório. Por outro lado, 8 (5 por cento) e 3 (1,9 por cento) dos inquiridos afirmam que o desempenho da aplicação das regras de trânsito é muito bom e excelente, respetivamente. Daqui podemos simplesmente concluir que deve ser dada a devida atenção à aplicação efectiva da regulamentação.

Tabela 4.7. Reflexão dos inquiridos sobre o desempenho da aplicação das regras de trânsito

Questão	Respostas	Frequência	Percentagem
Como avalia o desempenho da aplicação das regras de trânsito na cidade?	Excelente	3	1.9
	Muito bom	8	5.0
	Satisfatório	13	8.2
	Pobres	27	17
	Muito pobre	108	67.9
	Total	159	100.0

Fonte: Inquérito de campo, 2015

Uma observação feita pelo investigador garantiu que o serviço de transportes, para além de aplicar a regulamentação, nem sequer está em condições de se manter. Não está bem mobilado, é poeirento e quente, e nem sequer tem um computador para codificar os dados do tráfego (placa n.º 2).

4.4.1.4. Nível de satisfação dos passageiros

Como a Figura 4.4 ilustra o nível de satisfação da prestação de serviços de transporte, a maioria dos inquiridos, ou seja, 67 (42,1 por cento) está abaixo da média e 37 (23,3 por cento) é muito pobre. No entanto, 47 (29,6 por cento) dos inquiridos afirmam ter um nível de satisfação médio. Apesar disso, uma proporção não considerável de 4 (2,5 por cento) e 4 (2,5 por cento) dos inquiridos indica um nível de satisfação excelente e acima da média, respetivamente. Assim, este resultado mostra que os transportes existentes não estão em condições de satisfazer a procura dos utilizadores de transportes.

Figura 4.4. Resposta do inquirido relativamente ao nível de satisfação da prestação de serviços de transporte

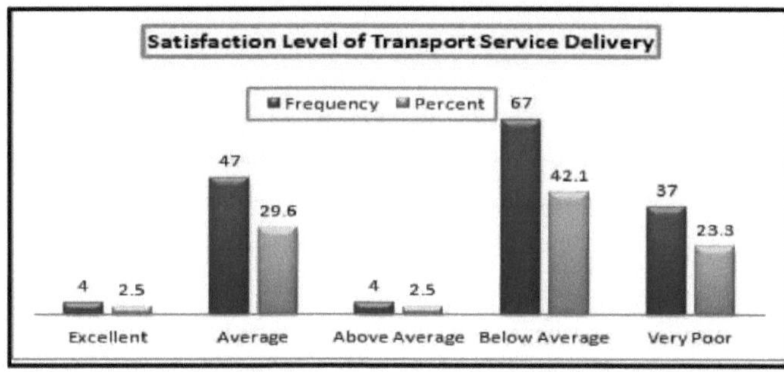

Fonte: Inquérito de campo, 2015

De acordo com a observação feita pelo investigador, as caraterísticas do sistema de transportes e a forma como funciona na área de estudo não são bem planeadas, sequenciadas e calendarizadas de acordo com as necessidades do tráfego. Por conseguinte, há longas filas e longos tempos de espera para o serviço de transporte (placa n.º 4).

4.4.1.5. Resposta na prestação de serviços de adequação ambiental e desenvolvimento sustentável

De acordo com o Quadro 4.8, no que se refere aos cuidados a ter com a poluição sonora, cerca de 46,5% dos inquiridos da amostra negligenciam o seu cumprimento e 38,4% cumprem-no raramente. Mas apenas 10,1% e 5% dos inquiridos cumprem frequentemente e sempre a proteção ambiental, respetivamente. A partir destas constatações, pode concluir-se que os residentes foram influenciados pela aplicação da lei em associação para manter e preservar um ambiente seguro e habitável.

Tabela 4.8. Adequação ambiental e desenvolvimento sustentável

Questão	Respostas	Frequência	Percentagem
Acha que os condutores da cidade se preocupam com o ambiente utilizando sons de aviso em locais razoáveis?	Sempre	8	5.0
	Muito frequentemente	16	10.1
	Raramente	61	38.4
	Nunca	74	46.5
	Total	159	100.0

Fonte: Inquérito de campo, 2015

De acordo com a observação, o investigador assegurou que os sons de aviso poderiam ser utilizados em Mizan-Aman, normalmente perto de instituições sociais e públicas, como escolas, hospitais e escritórios. Ainda hoje, o terminal de táxis de Aman está situado a uma distância zero do hospital geral de Mizan-Aman.

4.4.1.6. Tendências dos acidentes rodoviários

A figura 4.5 mostra que os ferimentos ligeiros, as mortes e os ferimentos graves aumentaram drasticamente em 2011/12, embora tenha havido um aumento dos ferimentos ligeiros desde 2012/13. Os ferimentos fatais registaram um declínio em 2013/14 e um aumento constante desde 2013/14. Além disso, a mortalidade observada diminuiu em 2012/13, mas, desde então, apresenta uma tendência constante. Assim, em geral, mostra-nos que o total de acidentes rodoviários na cidade tem sido uma tendência crescente de 2010/11 a 2014/15.

Figura 4.5. Evolução dos acidentes de viação

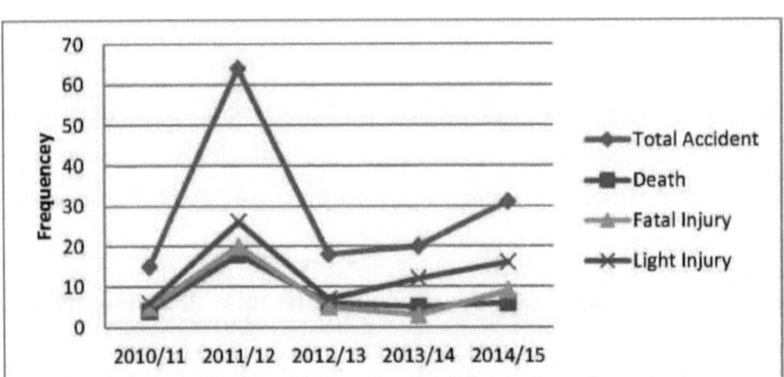

Fonte: Departamento de Controlo e Investigação da Polícia de Trânsito de Mizan-Aman, 2015

4.4.1.7. Taxa de infracções de trânsito entre 2010/11 e 2014/15

A Figura 4.6 mostra que, muito provavelmente, a maior frequência de infracções de trânsito ocorreu quando se solicitou o pagamento de uma taxa superior à tarifa estabelecida. Além disso, outras infracções, como o transporte acima da capacidade (excesso de carga), a violação dos sinais e símbolos de trânsito, o embarque ilegal e o excesso de velocidade, foram também protagonizadas, respetivamente.

Figura 4.6. Taxa de infração de trânsito

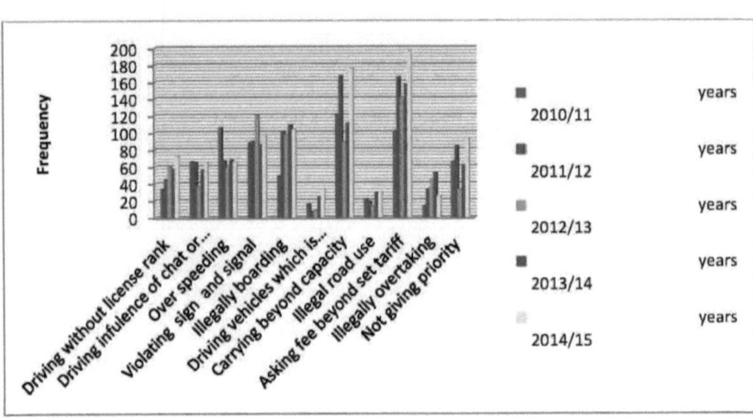

Fonte: Departamento de Controlo e Investigação da Polícia de Trânsito de Mizan-Aman, 2015

4.4.2. Factores que dificultam a aplicação da regulamentação do tráfego

O segundo objetivo específico do estudo era identificar os factores que impedem a aplicação da regulamentação do tráfego em Mizan-Aman. Nesta subsecção, o exercício da boa governação na aplicação da regulamentação, o nível de sensibilização dos peões para a utilização da estrada, a qualificação dos condutores, o pessoal profissional e a dotação orçamental na área de estudo, as lacunas nas regras e regulamentos dos transportes e a estrutura organizacional e os intervenientes nos transportes foram discutidos no âmbito deste objetivo específico.

4.4.2.1. Situação da boa governação na aplicação da regulamentação

A boa governação (responsabilidade, transparência, capacidade de resposta e Estado de direito) na aplicação da regulamentação do tráfego é decisiva para o sistema de transportes. Dos 159 agregados familiares incluídos na amostra, 95 (59,7%) dos inquiridos declararam que a governação na aplicação da regulamentação é fraca, 24 (15,1%) declararam que é muito fraca. Por outro lado, 22 (13,8 por cento), 12 (7,5 por cento) e 6 (3,8 por cento) declararam ser boa, muito boa e razoável, respetivamente. O resultado do estudo mostra que existe uma má governação na aplicação da regulamentação. Assim, espera-se que o governo local inculque o estado das artes da boa governação.

Tabela.4.9. Reflexão dos inquiridos sobre a boa governação (responsabilidade, transparência, capacidade de resposta e Estado de direito) na aplicação do regulamento

Questão	Respostas	Frequência	Percentagem
Na sua opinião, como avalia o estado da boa governação na aplicação da regulamentação?	Muito bom	12	7.5
	Bom	22	13.8
	Justo	6	3.8
	Pobres	95	59.7
	Muito pobre	24	15.1
	Total	159	100.0

Fonte: Inquérito de campo, 2015

De acordo com uma entrevista semi-estruturada, a maioria dos inquiridos descreveu que o nepotismo, o ultra-vírus e a corrupção eram comuns na polícia de trânsito e nos prestadores de serviços de transporte. No que diz respeito ao nepotismo, de acordo com a resposta, os polícias de trânsito não tratam de forma igual os infractores, a polícia de trânsito pode usar a propriedade de alguém, como os seus veículos privados, como recompensa, a polícia de trânsito decide e planeia acidentes a favor do proprietário e do condutor, comete erros de comunicação e gesticula com alguns condutores, aterroriza e castiga terrivelmente alguns condutores e deixa outros estereotipados em termos da sua raça e posição do proprietário. Além disso, os prestadores de serviços de transporte prestam um serviço de transporte diferente do passo da linha (fila) para os outros.

4.4.2.2. Nível de sensibilização dos cidadãos para a utilização das estradas

Como mostra a Figura 4.7, 59,7% dos inquiridos da amostra não estavam sensibilizados para a forma correta de utilizar a estrada. Apenas 40,3% sabiam andar ao longo da berma esquerda de uma estrada. Este número implica que existe uma falta de formação e sensibilização entre os inquiridos para a utilização da estrada.

Figura 4.7: Consciência dos inquiridos sobre como usar a estrada

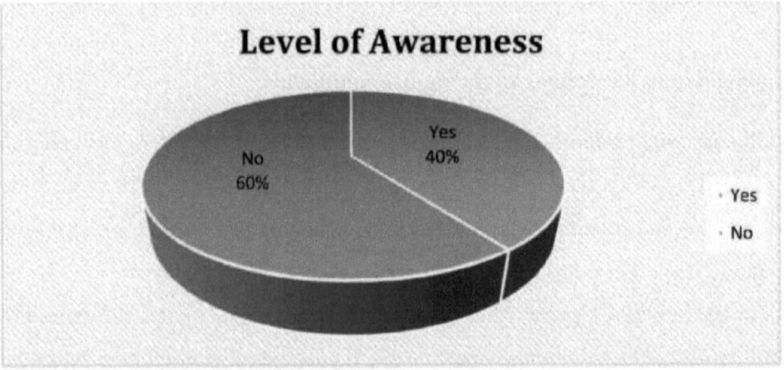

Fonte: Inquérito de campo, 2015

4.4.2.3. Confiança do inquirido na qualificação dos condutores

No que diz respeito à confiança na capacidade dos condutores na cidade, 43 (27%) inquiridos concordaram fortemente que os condutores têm capacidade de condução suficiente e 37 (23,3%) concordaram com a capacidade de condução. Enquanto 35 (22%) dos inquiridos discordam e 18 (11,3%) discordam fortemente da qualificação ou capacidade dos condutores. Apesar disso, 26 (16,4) dos inquiridos estão indecisos quanto ao facto de os condutores terem ou não uma qualificação. Por conseguinte, este quadro indica que o problema da qualificação dos condutores tem influência na aplicação da regulamentação dos transportes.

Tabela 4.10.Resposta do inquirido sobre a qualificação dos condutores

Questão	Respostas	Frequência	Percentagem
Concorda com a capacidade ou qualificação dos condutores na cidade?	Concordo plenamente	43	27.0
	Concordar	37	23.3
	Indecisos	26	16.4
	Não concordo	35	22.0
	Discordo totalmente	18	11.3
	Total	159	100.0

Fonte: Inquérito de campo, 2015

Além disso, o investigador conduziu uma entrevista estruturada para identificar as suas hesitações e concordâncias. Os inquiridos responderam que a sua hesitação em relação à capacidade dos condutores tem origem em diferentes razões. Entre estas razões, destacam-se o tratamento incorreto da carta de condução por parte de pessoas que não possuem uma autorização específica, o tratamento ilegal da carta de condução do Estado vizinho de Gambella e das escolas de formação da cidade, a prevalência de cartas de condução falsas e outras. Há também uma observação feita pelo investigador que atesta a presença do problema na cidade através de uma decisão de processos judiciais (Anexo G).

4.4.2.4. Atenção e prioridade do condutor aos outros utentes da estrada durante a viagem

A Figura 4.8 revela a atenção e a prioridade do condutor em relação aos outros utentes da estrada durante a viagem. Do total de 159 chefes de família incluídos na amostra, 71% dos inquiridos afirmam que a maioria dos condutores são demasiado indulgentes e não dão atenção e prioridade aos outros utentes da estrada, 23% são razoáveis e têm uma atenção crítica e 6% são rigorosos e seguem os regulamentos, dando atenção e prioridade aos outros utentes da estrada. Daqui podemos concluir que a condução imprudente é galopante na cidade.

Figura 4.8. Resposta do inquirido sobre a atenção e as prioridades do condutor durante a viagem

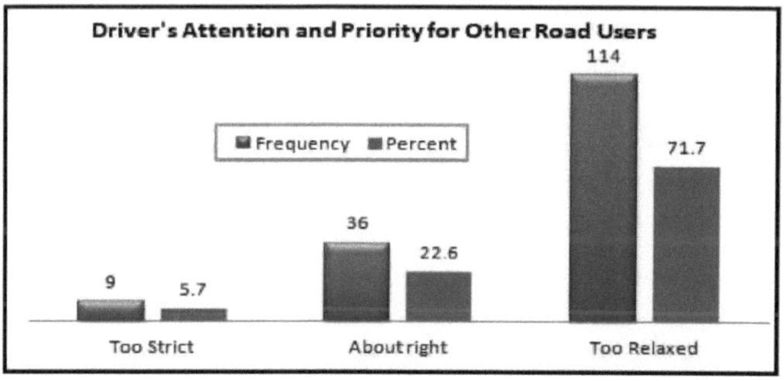

Fonte: Inquérito de campo, 2015

4.4.2.5. Factores que enfraquecem a aplicação da regulamentação do tráfego

Como mostra a Tabela 4.11, os inquiridos mencionaram razões que impedem a implementação da aplicação da regulamentação. Assim, a corrupção representa 76 (47,8 por cento), a falta de infra-estruturas rodoviárias suficientes representa 26 (16,4 por cento), a falta de combustível representa 24 (15,1 por cento) e a falta artificial de veículos representa 18 (11,3 por cento). Este resultado indica que a aplicação do regulamento em curso é altamente influenciada por factores internos, como a corrupção, e factores externos, como o problema da distribuição de combustível causado pelo mercado negro, que faz aumentar o preço do combustível, resultando em tarifas elevadas e infra-estruturas rodoviárias que não são suficientemente abordadas pelas instituições governamentais interessadas. A partir desta figura, é possível perceber que cada problema contribuiu para uma aplicação ineficaz do regulamento.

Tabela 4.11: Principais factores que enfraquecem a aplicação da regulamentação do tráfego

Desafios dificultam a implementação da aplicação da regulamentação	Frequência	Percentagem
Escassez artificial de veículos	18	11.3
Escassez de combustível	24	15.1
Problema de infra-estruturas rodoviárias	26	16.4
Corrupção	76	47.8
Outros	12	7.5
Sem resposta (valor em falta)	3	1.9
Total	159	100.0

Fonte: Inquérito de campo, 2015

De acordo com a entrevista estruturada e semi-estruturada realizada com os agregados familiares inquiridos, a polícia de trânsito, os operadores de transportes e a instituição de formação de condutores, os factores que enfraquecem a aplicação do regulamento de trânsito são os seguintes As principais razões para a aplicação incorrecta da regulamentação dos transportes na zona de estudo foram as seguintes

- A polícia de trânsito era em menor número do que a cobertura dos transportes, e mesmo com falta de competência, tem pouca formação, pelo que não possui conhecimentos suficientes.
- O desenho geométrico da estrada é em ziguezague e com uma única faixa de rodagem, pelo que não permite que os veículos manobrem facilmente.
- O compromisso altamente negativo da polícia de trânsito e de outros organismos envolvidos com os grupos de interesse (fornecedores de transportes), que se limitam a negociar e a fazer lobbying com os interesses desses grupos.
- Julgamento incorreto da polícia de trânsito devido a estereótipos relacionados com a etnia e outros
- Falta de sensibilização e de participação popular contra as infracções ao código da estrada.
- Envolvimento de funcionários superiores contra decisões tomadas pela polícia de trânsito.
- Manuseamento da carta de condução sem competências e formação adequadas.
- Falta de sensibilização dos peões para a utilização da estrada.
- O fluxo de tráfego só se verificou num sentido.
- Falta de integração, empenhamento e mobilização das partes interessadas.
- Ausência de um controlo e de uma avaliação coerentes dos transportes
- O engarrafamento de trânsito resultou na não utilização da autoestrada pelo transporte de mercadorias devido à falta de estacionamento.

- Desfasamento entre a procura e a oferta de transportes
- Ausência de boa governação e não observância dos pilares de funcionamento

4.4.2.5.1. Pessoal profissional e afetação orçamental na zona de estudo

Como pode ser visto na Tabela 4.12, o número de policiais de trânsito e de transporte é constante. De acordo com dados secundários, o número de polícias de trânsito no ano entre 2010/11-2014/15, que é de sete, não tem boa formação e foi recrutado da polícia militar.

O tráfego diário médio anual (AADT) indica o volume e a composição do tráfego de veículos que circula nas estradas ao longo do ano e é a informação mais importante utilizada na análise económica, financeira e técnica e nas decisões sobre projectos rodoviários. De acordo com (Ethiopian Roads Authority, 2009), o AADT de Jimma - Mizan de 2009 é de 380, ou seja, 62 automóveis cobrem 16%, 95 autocarros cobrem 25%, 204 camiões cobrem 54, e 19 camiões e reboques cobrem 5%.

Além disso, o orçamento de capital atribuído para a realização de actividades no sector dos transportes é limitado. O número não mostra qualquer alteração entre os anos, apesar do crescimento da dotação orçamental a nível nacional. Por conseguinte, é inevitável que o governo local dê ênfase tanto ao equipamento do sector como à capacitação da polícia de trânsito em termos de dimensão e de distribuição académica e orçamental.

Tabela 4.12. Indicação estatística dos recursos humanos e orçamentais

Nome da instituição	Educação Qualificação	Funcionário contratado e destacado					Orçamento de capital				
		2010/1	2011/2	2012/3	2013/4	2014/5	2010/1	2011/2	2012/3	2013/4	2014/5
Processo de sub-trabalho de tráfego	Grau 1-8	7	7	7	7	7	150,3 08	150,3 08	150,3 08	174,960	174,960
		3	2	3	3	4					
	Grau 9-12	4	5	4	4	3					
	Diplom a	-	-	-	-	-					
	Grau e superior	-	-	-	-	-					
Segurança rodoviária Unidade	Grau 1-8	4	4	4	4	4	150,456	150,456	150,456	150,456	215,892
		-	-	-	-	-					
	Grau 9-12	-	-	-	-	-					
	Diploma	2	2	2	2	2					
	Grau	2	2	2	2	2					
Estrada e Serviço de Transportes		2	2	3	3	3	33,84 0	80,352	92,436	131,976	131,976
	Grau 1-8	-	-	-	-	-					
	Grau 9-12	-	-	-	-	-					

	Diploma	-	-	-	-	-					
	Grau	2	2	3	3	3					

Fonte: Polícia de Trânsito de Mizan-Aman, Departamento de Segurança Rodoviária e Transportes, 2015

A observação feita pelo investigador confirma que cada serviço de transportes não dispõe de uma moto para inspeção. Apesar disso, o subsídio atribuído a cada serviço de transportes não é satisfatório.

4.4.2.5.2. Lacunas nas regras e regulamentos relativos aos transportes, na estrutura organizacional e nas partes interessadas dos transportes

4.4.2.5.2.1. Lacunas na regulamentação dos transportes

A prevalência de infracções de trânsito tem sido elevada na área de estudo. De acordo com a entrevista estruturada, os condutores foram frequentemente penalizados pela polícia de trânsito devido a infracções de trânsito, tais como excesso de carga e outras.

Além disso, o investigador confirma, através da observação, que a sanção por infração ao código da estrada aplicada pela polícia de trânsito é apenas para o condutor. No entanto, a maior parte dos condutores culpa os proprietários por se terem comportado mal contra as regras e regulamentos de trânsito na cidade. É comum pedir-se aos condutores que recolham birr por dia; caso contrário, serão despedidos do seu emprego. Para poderem manter as suas vidas e as suas famílias, os condutores são obrigados a satisfazer os interesses dos proprietários. Esta situação perpetua-se, apesar da taxa alarmante de castigos que ocorrem de tempos a tempos. Por outro lado, de acordo com as entrevistas com os proprietários, eles responderam o contrário dos motoristas. Por isso, para reduzir o fosso entre condutores e proprietários e, simultaneamente, conseguir uma aplicação bem sucedida da regulamentação, é importante que a lei diga respeito aos proprietários.

Entretanto, não existe qualquer obrigação do proprietário, ao contrário do que é referido no artigo 83.º do Regulamento n.º 208/2011: 1/ O proprietário de um veículo envolvido ou que se presuma ter estado envolvido num acidente ou numa violação do Regulamento n.º 208/2011 ou de qualquer outra lei deve fornecer a qualquer polícia, mediante pedido, o nome e a morada do condutor que, tanto quanto é do seu conhecimento, conduzia o veículo no momento do acidente ou da violação ou próximo deste. 2/ qualquer proprietário de veículos que, sem motivo razoável, não forneça informações quando tal lhe for solicitado, será responsabilizado nos termos do artigo 448. Além disso, o investigador confirma que a regulamentação referida não é aplicada regularmente. De acordo com o inquérito, a maior parte dos condutores violava as regras de trânsito mais de 15 vezes por ano, mas a polícia de trânsito obrigava esses infractores apenas a pagar dinheiro, em vez de registar pontos de demérito para suspender a circulação.

4.4.2.5.2.2. Lacunas na estrutura organizacional e nos intervenientes no sector dos transportes

O arranjo organizacional das instituições foi essencial para alcançar os objectivos desejados de qualquer instituição. Como se pode ver na Figura 4.8, as instituições, a proteção criminal, o processo central de negócios do tráfego e o subdepartamento de Segurança Rodoviária estão estruturados sob a alçada do Presidente da Câmara de Mizan-Aman, que tem direito político ao Presidente da Câmara. Mas cada departamento não tem integração técnica e também foi organizado a nível de unidade e horizontalmente não tem relação entre si. Além disso, a instituição tem recursos e mão de obra limitados. Consequentemente, não criou uma oportunidade e uma atmosfera mais ampla para aplicar eficazmente a regulamentação dos transportes.

Além disso, as instituições interessadas na área de estudo não têm capacidade suficiente em termos de recursos humanos e materiais para realizar as actividades em causa, administrar os regulamentos e orientar o desenvolvimento do sector dos transportes.

Figura 4.9. Estrutura organizacional e partes interessadas dos transportes

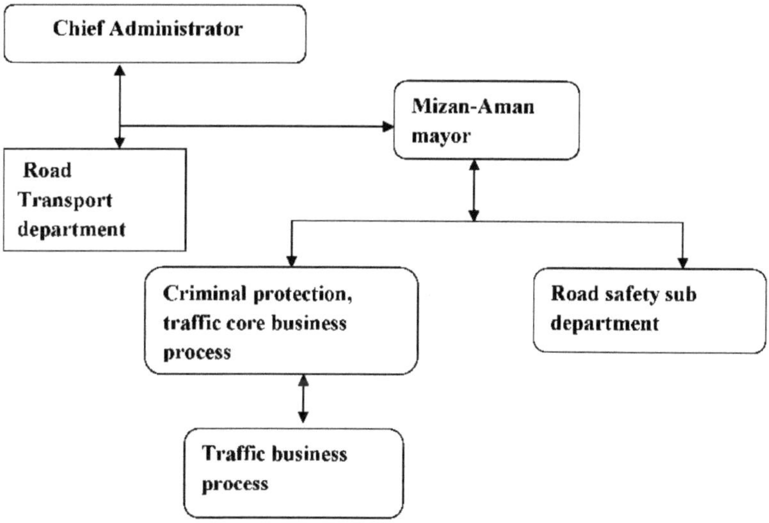

Chief Administrator

Mizan-Aman mayor

Road Transport department

Criminal protection, traffic core business process

Road safety sub department

Traffic business process

Fonte: Departamento de Controlo e Investigação da Polícia de Trânsito de Mizan-Aman, 2015

4.4.3. Desafios para os utilizadores dos transportes

O terceiro objetivo específico do estudo consistia em examinar os desafios que se colocam aos transportes em Mizan- Aman. Nesta parte, a situação da taxa de transporte, a taxa de tempo de viagem, a prestação e a equidade dos serviços de transporte para crianças, idosos e deficientes foram discutidas no âmbito deste objetivo específico

4.4.3.1. Situação de regularidade da taxa de transporte

Como se pode ver na Figura 4.10, de acordo com os resultados da investigação na área de estudo, 104 (65%) dos inquiridos não estavam a pagar uma taxa de transporte de acordo com os regulamentos da tarifa por meio da lei estabelecida ao abrigo do Código Penal Penal da FDRE, Artigo 354, que proíbe a cobrança de taxas superiores às normas. No entanto, o resultado indicou que quase mais de metade dos inquiridos foram forçados a pagar mais do que a tarifa estabelecida pelo governo.

Figura 4.10.Reflexão do inquirido sobre a regularidade da taxa de transporte

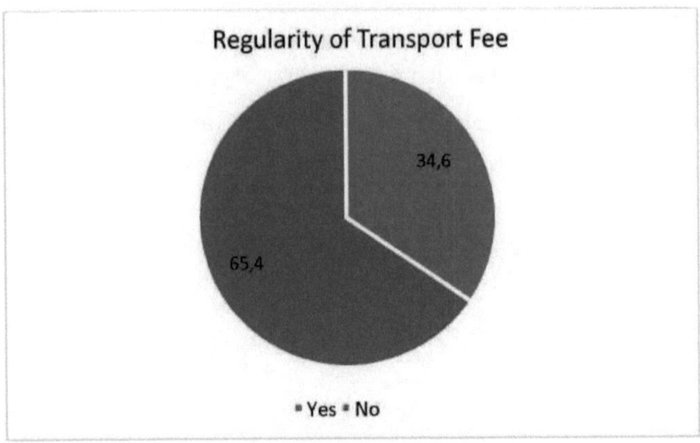

Fonte: Inquérito de campo, 2015

4.4.3.2. Tempo de deslocação dentro da cidade

De acordo com os dados da Tabela 4.13, Taxa de tempo de viagem no transporte, dos 159 inquiridos da amostra do total de agregados familiares disseram Muito mau, Mau, Razoável, Bom, Muito bom. O que corresponde a 37,7%, 27%, 18%, 11% e 6%, respetivamente. Os dados acima confirmam que a maioria dos inquiridos demora mais tempo do que o tempo normal.

Tabela 4.13.Reflexão dos inquiridos sobre o tempo de deslocação dentro da cidade

Questão	Respostas	Frequência	Percentagem
Como avalia o tempo de deslocação nos transportes da cidade?	Muito bom	10	6.3
	Bom	17	10.7
	Justo	29	18.2
	Pobres	43	27.0
	Muito pobre	60	37.7
	Total	159	100.0

Fonte: Inquérito de campo, 2015

A entrevista estruturada com os inquiridos mostra que os passageiros demoram muito tempo a chegar ao trabalho e aos programas devido ao facto de os veículos esperarem e chamarem os passageiros em terminais que não são terminais, de os veículos embarcarem e desembarcarem noutros locais e de terem de realizar actividades como abastecer, fabricar pneus e outras em detrimento do tempo dos passageiros. Por conseguinte, esta situação afecta o movimento dos passageiros e afecta simultaneamente as actividades económicas.

Além disso, a observação do investigador confirmou que o tempo normal necessário para percorrer 60 km é de uma hora nas zonas urbanas. Mas uma viagem de 7 km na zona de estudo demora 45-60 minutos. Por isso, para se conseguir um desenvolvimento sustentável, devem ser aplicados instrumentos de controlo para resolver o problema.

4.4.3.3. Prestação de serviços de transporte para crianças, idosos e pessoas com deficiência

As crianças, os idosos e os deficientes são o grupo desfavorecido da comunidade que necessita de uma atenção especial para criar um melhor bem-estar social. O resultado mostra que mais de 85% dos inquiridos estavam insatisfeitos com a prestação de serviços de transporte ao grupo social desfavorecido na área de estudo. Assim, o nível de provisão e equidade da prestação de serviços de transporte para esses grupos sociais não é bom e não é prioritário na área de estudo.

Tabela 4.14. Resposta do inquirido sobre a prestação e equidade dos serviços de transporte para crianças, idosos e deficientes

Questão	Respostas	Frequência	Percentagem
Como nivelar a prestação e a equidade dos serviços de transporte para crianças, idosos e deficientes?	Muito satisfeito	3	1.9
	Satisfeito	16	10.1
	Indecisos	6	3.8
	Insatisfeito	46	28.9
	Muito insatisfeito	88	55.3
	Total	159	100.0

Fonte: Inquérito de campo, 2015

4.5. Discussão

Esta secção fornece uma interpretação e discussão feitas na secção de resultados com base nas conclusões e na observação no terreno e os resultados são interpretados de forma a mostrar como concordam ou discordam de outra literatura. Assim, todos os objectivos específicos do estudo são discutidos um a um, como se segue:

4.5.1. Avaliação da prática atual de aplicação das regras de trânsito

No âmbito deste objetivo específico, é avaliado o grau de prática da regulamentação do tráfego. De acordo com este objetivo, o nível de utilização dos sinais e marcas de trânsito, o nível de embarque de passageiros, o desempenho da regulamentação do tráfego, o nível de satisfação dos passageiros, a adequação ambiental e o desenvolvimento sustentável, as tendências dos acidentes rodoviários e a taxa de infracções de trânsito foram discutidos para cumprir e responder ao objetivo.

O nível de utilização dos sinais e marcas instalados foi fraco em Mizan-Aman. De acordo com a Figura 4.2, a maioria das residências não estava em posição de utilizar os sinais e marcas de trânsito. Apesar disso, a área de estudo tem uma grande fonte de geração de viagens, como as culturas de rendimento e a exploração mineira, o que resulta num elevado fluxo de tráfego. No entanto, devido à má utilização da estrada pelos utentes, os engarrafamentos, acidentes e outros problemas relacionados são comuns na cidade. Além disso, a observação no terreno feita pelo investigador garantiu que a maioria dos utentes das estradas era negligente. Consequentemente, esta situação contribuiu para dificultar o fluxo de tráfego na área de estudo.

Feseha (2010), os peões são as principais causas de acidentes de viação. As conclusões da área de estudo indicam que existe um problema profundo com os peões devido à falta de utilização adequada da estrada e à não observância das leis e regulamentos relativos ao transporte rodoviário.

Existem várias formas de gerir os níveis de embarque para tornar o transporte seguro na cidade. No entanto, como indicado na figura 4.3, o nível de embarque na área de estudo, os veículos de transporte de passageiros embarcam frequentemente passageiros em excesso a toda a hora. Esta estatística revela que o embarque de passageiros é excessivo e que é improvável que haja lugares sentados suficientes. Esta situação prejudica a segurança e a privacidade dos passageiros.

Os fenómenos existentes na área de estudo são improváveis com o regulamento 208/2011, no artigo 39, nenhum condutor de um veículo embarca passageiros em excesso da capacidade legalmente permitida do veículo. Mesmo a punição prevista neste artigo, que consiste na incorporação de lugares adicionais para além do limite permitido, é classificada como infração de quinto nível e demérito, que é registada no ponto 6 e tem uma coima de 160 birr. Entretanto, esta aplicação não conseguiu ultrapassar o problema na área de estudo.

A sobrecarga é a principal infração rodoviária observada em Mizan-Aman, em comparação com outras infracções rodoviárias. Como mostra a literatura Muvuringi (2012), a sobrecarga contribuiu para uma proporção significativa de acidentes provocados por condutores imprudentes. Por conseguinte, em Mizan-Amã, é indispensável aplicar sanções rigorosas para resolver e superar os problemas associados à sobrecarga.

Placa n.º_1, Sobrecarga e carregamento de passageiros na cidade

Fonte: A fotografia tirada pelo Autor durante o inquérito de campo, 2015

A eficácia do controlo do tráfego é um fator determinante do sistema global de transportes. O facto afirmou com Sumaila (2013) e Batalia (2001) aplicação da legislação de transportes tem usado para alcançar e promover operações seguras e eficientes transporte rodoviário. Entretanto, o desempenho da aplicação da regulamentação do tráfego na cidade foi considerado muito fraco. Por conseguinte, as estatísticas acima referidas mostraram que a aplicação da regulamentação do tráfego em curso está a ser extremamente problemática. Consequentemente, não é capaz de garantir um funcionamento seguro e eficiente dos transportes.

Tal como demonstram Godthelp e Wesemann (2010), com exceção de algumas agências, a maioria das agências de aplicação da lei foi proactiva na coordenação com as agências de transportes locais. Mas os resultados desta investigação divergem da literatura por eles analisada. Com efeito, os departamentos de transportes observados pelo investigador, tanto na área de estudo como noutras cidades, não são proactivos, mas sim reactivos e em grande número, mesmo que não disponham de recursos humanos, orçamentais e humanos suficientes.

Placa n.o 2, arranjo da polícia de trânsito

Fonte: Autor, durante o inquérito de campo, 2015

A satisfação é um dos parâmetros e indicadores de desempenho que mostra o sucesso do funcionamento de uma organização. De acordo com a Figura 4.4, o nível de satisfação da prestação de serviços de transportes em Mizan-Aman está abaixo da média, uma vez que os prestadores de serviços de transportes não satisfazem os interesses dos utilizadores de transportes, que podem ser o custo ou a acessibilidade devido à escassez artificial de transportes.

De acordo com (Jonson e Clark, 2005 citado em Mekonnen, 2010), a satisfação do cliente é o resultado do serviço de transporte, com base numa comparação das suas percepções da prestação do serviço com as suas expectativas anteriores. O nível de satisfação dos clientes depende do serviço prestado pelo fornecedor de transportes. Entretanto, a situação existente na área de estudo carece de boas condições, interiores dos veículos limpos, áreas de espera seguras e protegidas, paragens e estações de trânsito com boa iluminação, frequência do serviço de trânsito, disponibilidade de lugares e pessoal de bordo cortês. Apesar disso, os chamados "woyala" insultam e desonram os passageiros.

Placa n.º 3, População de veículos na cidade

Placa n.º 4, Longo alinhamento da procura de transportes na cidade

Estado do trânsito num relance (foto do autor, inquérito de 2015)

No que diz respeito à adequação ambiental e ao desenvolvimento sustentável, na área de estudo, um maior número de condutores negligencia a regulamentação relativa ao ambiente habitável. A Tabela 4.8 mostra que a maior parte dos condutores nunca cumpre a regulamentação ambiental. Atualmente, avançar para a sustentabilidade é um desafio social que requer legislação internacional e nacional. De acordo com o regulamento de transportes da FDRE n.º 208/2011, na segunda parte, artigo 21.º, relativo à utilização de avisos sonoros, nenhum condutor de um veículo numa estrada municipal pode emitir um aviso sonoro, exceto se for absolutamente necessário para evitar um perigo imediato. Além disso, na quinta parte, o artigo 31.º, subdivisões 5, descreve uma zona como um hospital, a menos que um veículo que transporte doentes ou feridos deva ser estacionado ou parado a 25 metros do centro da entrada, no lado oposto da estrada, mas em Mizan-Aman observa-se a situação inversa.

Também conforme descrito por (Gordon Pirie, 2013), a legislação, as práticas e as abordagens inovadoras e bem-sucedidas minimizam os impactos ambientais. No entanto, em Mizan-Aman, particularmente na área de estudo, a situação é contrária ao conceito de adequação da localização. Por conseguinte, as residências e os doentes foram altamente afectados pela buzina utilizada pelos condutores ilegais.

No que respeita aos acidentes de viação, o número de mortos e feridos está a aumentar, com pequenas flutuações todos os anos. Como se pode observar na Figura 4.5, na área de estudo há um aumento constante do número de acidentes de viação. Os principais factores que contribuem para o problema dos acidentes de viação durante o período especificado na área de estudo são o condutor, o peão e os factores ambientais. De acordo com os dados secundários, os principais factores do condutor são a carta de condução e a imprudência. Os factores relativos aos peões incluem a utilização de um sinal de trânsito, negligência e crenças (atravessar o veículo da frente esperando viver muito tempo) e factores ambientais como a superfície da estrada, o clima e o tempo.

Banco Mundial (20 11) citado em Mphela (20 11) os acidentes de viação e as mortes do problema da segurança rodoviária aumentaram em consequência do comportamento dos utentes da estrada. Com base nos dados da polícia de trânsito sobre as vítimas do trânsito, em Mizan-Aman muitas pessoas foram vítimas de morte, ferimentos e perda dos seus bens devido às falhas cometidas pelos utentes da estrada: condutores e peões. Consequentemente, isto afecta a situação socioeconómica e política da cidade e do país como um todo.

A eficácia da regulamentação do tráfego determina a ocorrência e a taxa de infração de tráfego. Como mostra a Figura 4.6, a sobrecarga, a violação dos sinais e símbolos de trânsito, o embarque ilegal e o excesso de velocidade foram as infracções de trânsito mais predominantemente observadas na área de estudo.

Segundo a revisão da literatura (SafetyNet, 2009 e ODT, 2005), um policiamento intensificado e bem planeado controla o risco de apreensão e a taxa de infração e reduz o mau funcionamento dos custos de transporte, o longo tempo de viagem e o nível insuficiente de serviço.

Apesar da revisão da literatura acima referida, o número substancial de infracções de trânsito observado na área de estudo indica que a prevalência de acidentes e outros problemas relacionados resulta da falta de medidas sérias e de um fraco controlo policial.

Com base nas justificações acima apresentadas, o investigador apercebeu-se de que a aplicação do regulamento na área de estudo é deficiente e incapaz de suportar as actividades do sistema de transportes. Assim, a implementação da aplicação da regulamentação deve ser devidamente considerada para criar um sistema de transportes sem problemas em Mizan-Aman.

Para concluir a eficácia da aplicação do regulamento de trânsito praticado, de acordo com (Kirolos et al, 2014), foram utilizados na área de estudo indicadores como a taxa de acidentes de trânsito, infracções de trânsito e queixas dos cidadãos através de um inquérito. De acordo com estes dados, a aplicação da regulamentação não é eficaz. Uma vez que os acidentes rodoviários na cidade têm tido uma tendência crescente entre 2010/11 e 2014/15, as infracções de trânsito também partilham uma proporção elevada de infracções de trânsito. Além disso, as queixas dos cidadãos recolhidas junto dos inquiridos através de entrevistas não revelaram qualquer satisfação relativamente à prestação de serviços de transportes e à aplicação do regulamento de transportes.

4.5.2. Factores que dificultam a aplicação da regulamentação do tráfego

O segundo objetivo específico do estudo era "identificar os factores que dificultam a aplicação da regulamentação do tráfego". No âmbito deste objetivo, variáveis como o estado da boa governação, o nível de sensibilização dos peões, a qualificação dos condutores, os recursos humanos e orçamentais, as lacunas da regulamentação dos transportes e a estrutura organizacional dos transportes foram consideradas para responder ao objetivo.

O estado da boa governação (responsabilidade, transparência, capacidade de resposta e Estado de direito), que é indicado pela área de estudo, como mostra a Tabela 4.9, é fraco. Esta estatística mostra que existe um problema extremo de boa governação na aplicação da regulamentação dos transportes.

De acordo com Nyoni (2012), citado no artigo de Muvuringi (2012), "O suborno contribui para a carnificina rodoviária". Em Mizan-Aman, a corrupção é caracterizada como uma forma de suborno. Trata-se de má conduta e de práticas que visam o lucro pessoal dos polícias de trânsito que detêm o ' Ekub' dos seus colegas íntimos e dos fornecedores de transportes. Por este motivo, os fornecedores de transporte obrigam os passageiros a aceitar o que pedem em troca de uma taxa. Para além disso, a polícia de trânsito usa mais a sua autoridade do que a legitimidade que lhe é conferida pela lei, que atribui aos passageiros uma conduta imprópria e improvável, acusando e punindo o condutor.

A boa governação está associada a uma maior competitividade do país, ao investimento e a uma maior resiliência do sector financeiro e contribui para reduzir a corrupção (Banco Mundial, 2007). No entanto, a governação da aplicação da regulamentação na área de estudo é contrária à boa governação referida na revisão da literatura. Por conseguinte, é necessário o envolvimento efetivo dos cidadãos na comunicação para melhorar e apoiar os objectivos da reforma da governação.

A utilização adequada da estrada é inevitável para o funcionamento da aplicação das regras de trânsito. Como foi demonstrado na revisão da literatura (ODT, 2005), a polícia de trânsito não tem apenas o mandato de executar uma única tarefa de regulamentação dos transportes. A sensibilização é invariável e inevitável para conseguir uma excelente aplicação das regras. Assim, a polícia de trânsito é responsável por promover a sensibilização e facilitar o sistema de formação com vista a minimizar os problemas de trânsito na cidade de Mizan-Aman.

Os programas de educação utilizados para influenciar a capacidade dos indivíduos de lidar com o ambiente de tráfego para reduzir as lesões dos peões (Whelan et al, 2008). No entanto, o nível de conhecimento sobre a utilização da estrada é insignificante na área de estudo. Além disso, o facto mostra que a utilização existente das estradas é contrária ao conceito estabelecido no artigo 55.º do Regulamento 208/2011, ou seja, uma pessoa que caminha ao longo de uma estrada deve caminhar no extremo esquerdo, virada para o tráfego que se aproxima. Por isso, deve ser dada especial atenção à melhoria dos transportes.

Chapa n.º 5, Utilização rodoviária inadequada de passageiros

Fonte: Autor, durante o inquérito de campo, 2015

Os condutores formados, experientes e licenciados estão a preparar o caminho para conseguir uma mobilidade de tráfego suave e reduzir os acidentes de trânsito e as infracções. De acordo com os resultados apresentados na tabela 4.10, a perceção dos inquiridos relativamente à capacidade dos condutores é fraca, pelo que a maioria dos inquiridos da amostra não confia na capacidade dos condutores na cidade.

Proclamação n.º 600/2008 uma proclamação que prevê o licenciamento do certificado de certificação da qualificação do condutor, em conformidade com o disposto no artigo 6.º, emite o certificado de reconhecimento ao organismo de licenciamento, fiscaliza o organismo de licenciamento para verificar se as suas actividades são realizadas de acordo com o reconhecimento, em caso de deficiência suspende ou revoga. do presente decreto, ninguém pode conduzir um veículo a motor em qualquer estrada sem possuir a devida carta de condução.

No entanto, a condução de um veículo sem a carta de condução prevista na proclamação da FDRE n.º 600/2008 é considerada uma infração agravada e será punida com 5 000 Birr. Tal como a literatura demonstrou (Feseha, 2010), a punição é legalmente demasiado limitada para os levar a um tribunal legal e formal. Consequentemente, o problema associado à carta de condução surgiu na área de estudo. Assim, uma aplicação rigorosa da lei, uma decisão jurídica clara e a integração dos departamentos de transportes foram decisivas para ultrapassar o problema resultante da carta de condução.

A atenção dos condutores e a prioridade dos utentes da estrada durante a viagem na área de estudo constituem um sério impedimento à aplicação efectiva das regras de trânsito. Como mostra a Figura 4.8, a maioria dos inquiridos considera que os condutores são demasiado ignorantes em relação aos outros utentes da estrada. O Regulamento 208/2011, relativo à prioridade dos veículos que entram num cruzamento e se aproximam de uma passagem para peões, estabelece, nos artigos 22, 24, 25 e 26, que o condutor de um veículo deve dar prioridade aos veículos e aos peões. A menos que seja punido ao abrigo deste regulamento com uma sanção de seis anos.

No entanto, apesar dos factos acima referidos, a falta de atenção e de prioridade que o problema tem na área de estudo afecta consequentemente o exercício da aplicação da regulamentação. Por conseguinte, é necessário um grande esforço por parte dos condutores no sentido de uma sensibilização consistente e da formação de competências para ultrapassar o problema.

Como mostra a Tabela 4.11, a influência da corrupção na aplicação do regulamento é uma proporção de 47,8% para a aplicação do regulamento de transportes existente na área de estudo. Apesar da corrupção, outros desafios, como as infra-estruturas, a falta artificial de veículos e a falta de combustível, também contribuem muito para o fracasso da aplicação da regulamentação na cidade.

Revisão da literatura Schalekamp et al, (2009) e Golub, (2009), salientaram que a regulação eficiente dos transportes não seria alcançada e deixada apenas para a polícia de trânsito. Pelo contrário, é o resultado de efeitos abrangentes e múltiplos das partes interessadas. Assim, os organismos competentes e as partes interessadas devem imprimir o seu dedo para resolver o problema das infra-estruturas rodoviárias, da presença de veículos suficientes e da distribuição suficiente de combustível.

Um sistema de gestão de tráfego bem sucedido requer um número adequado de pessoal profissional formado e de agentes da polícia. Como se pode ver na Tabela 4.12 acima, o número atribuído de agentes da polícia de trânsito e dos transportes no estudo manteve-se inalterado.

Tal como demonstrado na análise da literatura, a população de veículos aumentou drasticamente a nível mundial, nacional e local. De acordo com (Bitew, 2002), o número de táxis que operam em Adis Abeba aumentou substancialmente e estima-se que se situe entre 10-12 000 ou (10%) da população de veículos. A mesma situação é observada nas cidades regionais. Por isso, para que os transportes funcionem de forma segura, é indispensável um certo número de polícias e operadores com formação.

Apesar do facto acima referido, o número de agentes na área de estudo era mais limitado do que a cobertura dos transportes. Até mesmo a entrevista feita pelo pesquisador indica que esses policiais de trânsito foram retirados aleatoriamente da polícia militar. Eles não têm conhecimento suficiente sobre todas as proclamações, regras e regulamentos de transporte. Além disso, a ausência de investigação relevante sobre estruturas de carreira para o recrutamento de agentes da polícia e de vistos oficiais para o âmbito e a cobertura dos transportes na área de estudo afecta o funcionamento geral dos transportes em Mizan-Aman.

De acordo com dados secundários, nenhum regulamento de transportes limita os proprietários de transportes, exceto o artigo 83.º do Regulamento n.º 208/2011, a acidentes e à lei violada deve fornecer a qualquer polícia, a pedido, o nome e o endereço do condutor. As sanções previstas neste regulamento vão da primeira à sexta categoria, apesar do registo de pontos de demérito. Entretanto, as sanções não foram aplicadas ao nível das bases. Além disso, os infractores de trânsito não foram multados nem foram objeto de acções judiciais, que podem ser de prisão simples ou de prisão rigorosa, a menos que seja cometida uma morte na área de estudo. De acordo com a Proclamação n.º 468/2005 relativa aos transportes, qualquer pessoa que viole as disposições desta proclamação e os regulamentos emitidos ao abrigo da mesma será punida de acordo com o código penal.

Apesar da literatura citada no quadro organizacional de Batalia (2001), a Figura 4.9 do departamento de transportes não tem integração técnica e foi organizada ao nível da unidade. Assim, a situação observada na área de estudo está a desviar-se do que foi mencionado em (Anreiter, 2000; SafetyNet, 2009). Por conseguinte, é necessário rever a estrutura organizacional para atingir os objectivos organizacionais na área de estudo.

4.5.3. Desafios para os utilizadores dos transportes

Nesta secção, foram discutidos os desafios que afectam os utentes dos transportes em relação à aplicação da regulamentação. Para o efeito, foi ilustrado da seguinte forma:

A taxa de transporte na área de estudo não é paga de acordo com as normas estabelecidas pelo governo. De acordo com uma entrevista semi-estruturada com o inquirido, a sobretaxação é comum durante o dia de mercado; segunda, terça e sábado, todos os dias depois das 10 horas e feriados. Para além disso, uma observação feita pelo investigador assegurou que os veículos de passageiros têm prioridade sobre os passageiros para obterem mais dinheiro.

Artigo 354.º do Código Penal da FDRE, que prevê que as acusações sejam objeto de legislação especial. A punição das infracções a essas ordens, regras e regulamentos é determinada em conformidade com o princípio e a disposição punitiva do presente código. É proibida a cobrança de taxas superiores às normas. Apesar deste facto, o resultado apresentado na Figura 4.10 mostra que a maioria dos passageiros foi forçada a pagar mais do que a tarifa estabelecida. Por conseguinte, a situação que se verificou na área de estudo é contrária ao regulamento estabelecido no artigo 354° do código penal da FDRE e nas diretivas de 2004, segundo as quais qualquer passageiro deve pagar a taxa cobrada pelo transporte de acordo com as normas em vigor na altura. Assim, a situação observada nas zonas de estudo está a piorar e ninguém controla o tráfego. Consequentemente, a falta de controlo permite que os funcionários corruptos embolsem dinheiro que, em vez de ser utilizado pelo governo ou pelos proprietários e operadores, seria utilizado para melhorar os serviços.

Os transportes são essenciais para promover o desenvolvimento económico e social de um país. Como mostra Batalia (2001), uma regulamentação eficaz garante uma mobilidade segura, ordenada e disciplinada, o que permite melhorar os horários e o serviço de trânsito no corredor. No entanto, o tempo de viagem na zona de estudo indicado pelos inquiridos é demasiado longo. Isto diz-nos que o tempo de viagem é o principal desafio e problema para os passageiros na zona de estudo.

Os transportes têm de ser melhores e mais seguros para ajudar a classe social desfavorecida a desenvolver a sua capacidade de se envolver e utilizar opções que beneficiarão esses grupos sociais para o desenvolvimento sustentável de uma nação. De acordo com os resultados apresentados na tabela 4.14, a prestação e a equidade dos serviços de transporte para crianças, idosos e deficientes estão em perigo. Não existe qualquer oportunidade e forma afirmativa de utilizar o serviço de transportes para as pessoas com deficiência, mas sim de competir com outros grupos etários produtivos.

Apesar da literatura (Gordon Pirie, 2013) sobre a equidade e a inclusão nos transportes, a exclusão social está a tornar-se um problema grave e a dificultar o desenvolvimento sustentável dos transportes em Mizan-Aman.

Para medir a eficiência da implementação da aplicação da regulamentação do transporte rodoviário na área de estudo, o investigador utilizou indicadores de desempenho do sistema e de benefícios do sistema, tais como poupança de tempo de viagem, acessibilidade, segurança, equidade, capacidade, fiabilidade e qualidade ambiental (Diaz, 2009 citado em Maunganidze, 2011). De acordo com estes indicadores, o resultado mostrou-nos que existe um longo tempo de viagem nos transportes, os passageiros são solicitados a pagar uma taxa de serviço superior à legalmente permitida, a prestação de serviços de transporte não tem em consideração as crianças, os idosos e os deficientes, os sons de aviso dos veículos foram utilizados ao longo das escolas, hospitais e outras instituições públicas. Assim, a aplicação da regulamentação do tráfego rodoviário não é eficaz em Mizan-Aman.

5. Conclusões e recomendações

5.1. Introdução

Com base nos resultados desta investigação em relação aos objectivos do estudo, foram abordadas conclusões e intervenções para identificar soluções para os desafios. Por conseguinte, a subsecção seguinte apresenta as conclusões e recomendações do estudo.

5.2. Conclusões

O grau de aplicação prática da regulamentação do tráfego em Mizan-Aman é fraco. Assim, a fraca eficácia da aplicação da regulamentação conduz à deterioração da qualidade e da fiabilidade do serviço de transportes, da acessibilidade dos preços, da segurança, dos tempos de viagem, do impacto no ambiente, das condições de vida e de trabalho e do aumento dos acidentes de viação e das infracções.

Há uma série de factores que influenciam a esfera de implementação da aplicação da regulamentação do tráfego na área de estudo. De acordo com as conclusões do estudo, a má governação (falta de envolvimento de funcionários superiores, corrupção, prevalência de burocracia, ausência de capacidade de resposta e de Estado de direito), baixo nível de sensibilização dos peões para a utilização da estrada, falta de tratamento da carta de condução, pessoal inadequado e não qualificado, dotação orçamental insuficiente, lacunas na legislação dos transportes e quadro organizacional não estruturado e sinergia dos transportes, fraca integração das instituições governamentais na construção e manutenção da estrada, distribuição de combustível.

Por conseguinte, para resolver este problema, é indispensável uma série de estratégias de aplicação, a integração das partes interessadas, o equipamento do sector, tanto em termos de recursos humanos como materiais, para manter a sua tarefa, a sensibilização e mobilização do público, a utilização dos meios de comunicação social e da informação, o acompanhamento e a avaliação consistentes, a formação sustentável, uma decisão judicial considerável, entre outros.

5.3. Recomendações

Nesta tese, são considerados os efeitos da aplicação da regulamentação sobre o nível de qualidade do serviço, a segurança e o nível de acidentes. À luz dos resultados obtidos, são sugeridas algumas recomendações para os profissionais. São também apresentadas recomendações para investigação futura.

5.3.1. Recomendações para a prática

- As partes interessadas na aplicação da regulamentação dos transportes precisam de mais cooperação, promulgando a sua tarefa relevante para garantir que as leis sejam coerentes e eficazes na aplicação das leis de segurança rodoviária. Para isso, é necessário cumprir a sua tarefa através do planeamento de infra-estruturas rodoviárias e do espaço para os peões. Sistemas de transporte de massas seguros e eficientes com o departamento de transportes rodoviários, campanhas de sensibilização do público através da polícia de trânsito e dos meios de comunicação social, intervenções para reduzir os riscos através da preparação de leis inclusivas e sanções fortes por parte dos tribunais, formação de estudantes em matéria de educação para a segurança e criação de uma polícia estudantil com as escolas, a polícia de trânsito faz com que os proprietários de veículos adquiram um sentido de serviço através da discussão.

- O governo local é necessário para capacitar um sector de transportes que ofereça um papel de liderança para atingir os objectivos nacionais de redução de acidentes de viação, ferimentos e mortes, violações e prestação ineficiente de serviços de transportes com financiamento de um orçamento adequado, capacitando e dando poder à polícia de trânsito, avaliando os planos de trabalho que podem ser eficazes, melhorando a recolha e gestão de dados de segurança rodoviária, a participação pública e a mobilização na regulamentação dos transportes é essencial.

- O desejo dos políticos e dos administradores locais de fazer da boa governação o estado da arte para apoiar e alterar os problemas relacionados com os transportes, de responsabilizar publicamente as acções, de reduzir as lacunas e de incutir a transparência junto do público em geral.

- É inevitável que os serviços da polícia de trânsito e a unidade de transportes rodoviários criem um plano global, utilizem estratégias de aplicação e sensibilizem para conseguir transportes acessíveis, seguros, com tempos de viagem curtos, de qualidade e fiáveis.

5.3.2. Recomendações para investigação futura

Os dados relativos à aplicação da regulamentação e a indicadores fiáveis de desempenho do sistema beneficiariam todas as análises e uma melhor compreensão dos processos em curso. Mais investigação tirará partido da avaliação da eficiência e da eficácia da aplicação da regulamentação dos transportes, recorrendo a uma exploração completa do estudo da aplicação da regulamentação.

6. Referências

Addis Ababa City Administration Transport Authority (AACATA) Disponível em: http://www.telecom.net.et/aata

Anreiter, W. 2000.Regulatory Frameworks and legislation in Public Transport. Acedido em

10/8/15 em: www.eu-portal.net.

Anteneh Getnet, 2007. Integrating transport and land use policies for sustainable development; Theory and Practice, Dissertação de Mestrado, Roterdão.

Bartlet, Kotrlik e Higgins, 2001. Investigação organizacional: determinar a dimensão adequada da amostra na investigação por inquérito: revista Information Technology.

Batalia, 2001. Enforcement of laws and regulations that govern the road transport industry in east Africa, ARD Inc, Dar es Salaam.

Bench majji urban development (BMUD) 2015, relatório de mobilização urbana. Não publicado.

Bishai,Asiimwe,Abbas,Hyder,Bazeyo,2008,Cost-effectiveness of traffic enforcement: case study from Uganda, Baltimore, USA.

Bitew, M. 2002. Taxi traffic accidents in Addis Ababa: causes, temporal and spatial.

Agência Central de Estatística, 2012 República Federal Democrática da Etiópia, projeção para 2013, Adis Abeba, Etiópia.

Charlotte 2010. Plano da cidade de Asheville. Carolina do Norte.

Chavis, 2012. Analyzing the Structure of Informal Transport: The Evening Commute Problem in Nairobi, Kenya,PhDdissertation,University of California.

Creswell, 2009. Conceção da investigação: Qualitative, Quantitative, and Mixed Methods Approaches. 3ª Edição. Los Angeles: Sage Publications, Inc.,

Donmez , Jing Feng,2013.designing feedback to induce safer driving behaviors: a literature review and a model of driver-feedback interaction, Departamento de Engenharia Mecânica e Industrial, Universidade de Toronto.

Proclamação da Licença de Certificação da Qualificação de Condutor, 2008. Proclamação n.º 600, Federal NegaritGazeta, Adis Abeba.

Drucker, P. 2001. "The efficiency of the decision makers", Bucuresti: Editura Destin.

Dube, J. e Mawere, R., 2011. Police blamed for road carnage in accidents, The Standard Sunday. [Disponível em http://www.thestandard.co.zw/local/31394-police-graft-blamed-for- road-carnage-inaccidents.html.]

Comissão Económica para África (CEA), Estudo de Caso 2009: Segurança Rodoviária na Etiópia.

Elder, Shults, Sleet, Nichols , Thompson, Warda Rajab , 2004. Effectiveness of mass media campaigns for reducing drinking and driving and alcohol-involved crashes: A systematic review, American Journal of

Preventive Medicine.

Elliott, M.A., Armitage, C.J. e Baughan, C.J.2004. Applications of the theory of planned behavior to drivers" speeding behavior, Behavioral Research in Road Safety. 14º Seminário, Departamento de Transportes.

Erke, Goldenbeld e Vaa, 2008. The Effects of Drunk-Driving Checkpoints on Crashes-A Meta-Analysis. "Análise e Prevenção de Acidentes 41.

Esayas Haile Mariam, 2001. Estudo sobre a regulamentação dos transportes rodoviários, Studipianifieazione del Territorio (SPT), Addis Ababa Transport Authority, Addis Ababa.

Autoridades rodoviárias da Etiópia, 2009. Relatório Anual de Contagem de Tráfego nas Estradas Federais

Rede rodoviária na Etiópia.

Conselho Europeu de Segurança dos Transportes (ETSC), 1999. Aplicação da legislação de trânsito na UE Estradas da Europa.

Conselho Europeu de Segurança dos Transportes (ETSC), 2011. Aplicação da legislação de trânsito na UE Estradas da Europa.

Instituto Federal de Planeamento Urbano (FUPI), 2006. Manual de planeamento do Ministério das Obras Públicas e do Desenvolvimento Urbano. Addis Abeba.

FessehaGebrewahid, 2010 .an overview of Ethiopian road transport service: procedures, practice and prospects, tese de mestrado Ethiopian civil service university, Addis Ababa, Ethiopia.

Fell J.C. e Voas, R.B., 2004.The effectiveness of reducing illegal limits for driving: Evidence for lowering the limit. Actas da 17ª Conferência Internacional, Glasgow, Reino Unido.

Geary, L.L. e Preusser, D.F., 2004. Suspended drivers In: Alcohol, drugs and traffic safety, Actas da 17ª Conferência Internacional sobre Álcool, Drogas e Segurança Rodoviária, Glasgow, Reino Unido.

Geerlings, H., Van Ast, J. e Ongkittikul, S.2005. Rumo a uma política de transportes mais fundamental: An inventory of trends that influence the transport patterns in western Europe and their implication for policy making. Journal of the Eastern Asia Society for Transportation studies.

Godthelp e Wesemann ,2010. Traffic safety in Cambodia: enforcement of drink-driving, helmet wearing and speeding, Fundação Road safety for all, Países Baixos.

Golub, A. 2009. Notas de aula sobre planeamento de autocarros e gestão de operações, Universidade da Cidade do Cabo.

Gordon Pirie, 2013. Mobilidade urbana sustentável na África Subsariana "anglófona

Social Sustainability of Urban Transport, estudo temático preparado para o Global Report on Human Settlements, Universidade do Cabo Ocidental, África do Sul.

Gururaj, 2008."Road traffic deaths, injuries and disabilities in India: Current scenario".Journal of National Medical, Vol. 21, No. 1, Karnataka, India.

KirolosHaleem, Gan, Alluri e Saha, 2014. Identifying Traffic Safety Practices and Needs of Local Transportation and Law Enforcement, Journal of the Transportation Research Forum, Vol. 53, No. 1 ,Transportation Research Forum.

Kothari, C., 2004. Metodologia de investigação, métodos de técnicas, publicado por New Age International (P) Ltd. Editora. Índia.

Kothari, C.R. 1985. Metodologia de investigação, Wishwa, Prakashan, Nova Deli, Índia.

Luci, A. 2010. Conceção e metodologia da investigação, Universidade de Witwatersrand.

Mathijssen, 2001. The prevalence and relative risk of drink and drug driving in the Netherlands: a case-control study in the Tilburg police district, SWOV, Leidschendam, The Netherlands.

Maunganidze, 2011 O papel do trânsito rápido de autocarros na melhoria dos níveis de serviço dos transportes públicos, particularmente para os utilizadores urbanos pobres dos transportes públicos - um caso da Cidade do Cabo, África do Sul, Tese de Mestrado, Universidade da Cidade do Cabo, África do Sul

Madiro e Mudzengerere, 2013.Gestão sustentável do tráfego urbano em cidades do terceiro mundo: The case of Bulawayo city in Zimbabwe, Journal of Sustainable Development in Africa, Volume 15, No.2, Clarion University of Pennsylvania.

MekonnenMammo, 2010. Avaliação da Satisfação do Cliente na Prestação de Serviços de Transportes: O caso de três terminais da empresa de serviços de autocarros AnbassaCity.

Ministério do Desenvolvimento Urbano, Habitação e Construção (MUDHCo), 2015.Perfis socioeconómicos das cidades. Acessado em 24/01/2015.Disponível em www.mwud.gov.et.

Município de Mizan-Aman, 2014. Aspectos socioeconómicos de Mizan-Aman (não publicado).

Departamento de Controlo e Investigação da Polícia de Trânsito de Mizan-Aman, 2015. (Não publicado)

Autoridade Tributária de Mizan-Aman, 2015. Plano de receitas. (Não publicado)

Mphela, 2011.The impact of traffic law enforcement on road accident fatalities in Botswana.Department of Management, Faculty of Business, University of Botswana.

Muvuringi, 2012. 'Road traffic accidents in Zimbabwe influencing factors, impact and strategies', Vrije University Amsterdam, Master's Thesis, the Netherland.

Departamento de Transportes do Ohio (ODT), 2005. Manual de Ohio de Dispositivos Uniformes de Controlo de Tráfego, disponível em: http://www.dot.state.oh.us

Processo de trabalho de preparação e monitorização do plano, plano estrutural Mizan-Aman 2009. (Não publicado).

Proclamation to Provide for the Regulation of Transport, 2005.Proclamation No. 468, Federal NegaritGazeta, Addis Ababa.

Regulamento emitido em conformidade com a Proclamação relativa aos transportes, 1963. Proclamação n.º

279, Negarit Gazeta, 11.º ano, n.º 5, Adis Abeba

Regulamento que prevê a criação do Conselho Nacional de Segurança Rodoviária, 20 11.

Regulamento n.º 205, FederalNegaritGazeta, Adis Abeba.

Conselho de Ministros para o Controlo do Tráfego Rodoviário (RTTCM), 2011. Regulamento n.º 208, Federal NegaritGazeta, Adis Abeba.

Romero Santana, Dario Enrique, 2014. Avaliação da fiscalização de trânsito em horário extra: Uma Metodologia para Seleção de Agências e Períodos de Fiscalização, Teses de Mestrado. Western Michigan University.

SafetyNet, 2009. Controlo da velocidade, Recuperado em <23 de abril de 2015>.

Schalekamp, H., Mfinanga, D., Wilkinson, P. e Behrens, R., 2009. An International Review of Para transit Regulation and Integration Experiences: Lessons for Public Transport System Rationalization and Improvement in African Cities, 4ª Conferência Internacional sobre Transportes Urbanos do Futuro: Access and Mobility for the Cities of Tomorrow, Amesterdão.

Scott, A. 2010.the Effect of Police Enforcement on Road Traffic Accidents, Edinburgh Napier University.

StefanosMouzas, 2006. Efficiency vs Effectiveness (Eficiência vs Eficácia), Escola de Gestão da Universidade de Bath.

Sustainable Transportation, 2005.Defining sustainable transportation, preparado para o Transport Canada.

Sumaila, 2013. O desafio da aplicação da lei de trânsito no Território da Capital Federal (FCT), Nigéria. Jornal de Investigação em Ciências Sociais, Volume 2, Número 1, pp 27-34. Minna, Nigéria. http://www.onlineresearchjournals.org/JSS

SWOV Fact sheet, 2008. Instituto de investigação sobre segurança rodoviária, Leidschendam, Países Baixos.

Tadesse, A. 2006 'Road Freight Transport in Ethiopia with special emphasis on Addis Ababa - Djibouti corridor', School of graduate studies, Master's thesis, Addis Ababa University.

TesfalemHailu, 2010. Causes and socioeconomic impacts of road traffic accidents in Addis Ababa (Causas e impactos socioeconómicos dos acidentes rodoviários em Adis Abeba), tese de mestrado, Universidade de Adis Abeba.

Transport Research Knowledge Centre (TRKC), 2009. Traffic Management for Land Transport, Comunidades Europeias, Bélgica.

Planeamento dos transportes, 2004. Questões-chave do processo de planeamento.

Transportation Research Board, 2013.Traffic Enforcement Strategies for Work Zones, Washington, D.C. Disponível em www.TRB.org.

Ullman,Marcus A. Brewer,James, E. Bryden,Michael, O. Corkran ,Andre K. Chandra ,Krista L. Jeannotte,2013, Traffic Enforcement Strategies for Work Zones. Transportation Research Board .Washington,

D.C.

Taxa de Inspeção e Registo de Identificação de Veículos, **2011.** Regulamento n.º 206, Federal NegaritGazeta, Adis Abeba.

Whelan, E. Towner, G. Errington e J. Powell ,2008. Relatório de investigação sobre segurança rodoviária n.º 82, Evaluation of the national child pedestrian training pilot projects. 2008. Relatório de investigação sobre segurança rodoviária n.º 82, Evaluation of the national child pedestrian training pilot projects. Londres: Ministério dos Transportes.

Organização Mundial de Saúde, 2004. Relatório mundial sobre a prevenção de lesões causadas pelo tráfego rodoviário, Organização Mundial de Saúde: Genebra.

Banco Mundial, 1995. Projeto do Setor Rodoviário, Divisão de Energia, Ambiente, Transportes e Telecomunicações, Croácia.

Banco Mundial, 2007. Banco Internacional para a Reconstrução e o Desenvolvimento Reforço do empenhamento do grupo do Banco Mundial na governação e na luta contra a corrupção.

Banco Mundial, 2005. Estudo sobre a eficiência dos serviços de transporte rodoviário.

Banco Mundial, 2011.World Bank group steps up support for road safety Disponível em http://web.worldbank.org/ [Recuperado em 9 de fevereiro de 2014].

Organização Mundial de Saúde, 2009, relatório sobre a situação global da segurança rodoviária, departamento de violência e prevenção de lesões e incapacidades, Genebra, Suíça.

Organização Mundial da Saúde, 2010, Relatório sobre a situação da segurança rodoviária nos países da Região Africana da OMS, Brazzaville, Escritório Regional da OMS para África.

Yannis, G., Papadimitriou, E., eAntoniou, C. 2008. Impact of enforcement on trafficaccidents and fatalities:Safety Science, 738-750.

Zaidel, 2002. O impacto da aplicação da lei nos acidentes, Helsínquia: ESCAPE.

7. Apêndice

Apêndice A: Questionário

Este questionário de amostragem para agregados familiares destina-se apenas à recolha de dados para a realização do mestrado em Planeamento e Gestão dos Transportes, pelo que lhe é pedido educadamente que forneça informações corretas sem reservas. Não se espera que escreva o seu nome. As informações recolhidas serão mantidas confidenciais.

Obrigado pelo vosso esforço, tempo, honestidade e cooperação.

Instrução I: assinalar com um círculo as opções alternativas apresentadas.

Secção um: Perfil socioeconómico do inquirido

1) Tipo de ocupação

A) Empregado do Governo B) Empregado privado C) Empregado de ajuda e voluntariado

D) Desempregado E) Reformado

2) Rendimento ________________

3) Grau de instrução A) sem educação formal B) não lê nem escreve C) lê e escreve

D) Grau 1-8E) Grau 9-12 F) Diploma de colégio

G) BacharelatoF) Mestrado e superior

4) IdadeA) 20-30 anosB) 31-40 anos C) 41-50 anos

D) Mais de 51 anos

5) Religião A) Religião tradicional B) Cristianismo ortodoxo C) Islão

D) Cristianismo Protestante E) Cristianismo Católico F) Testemunho de Johva

6) Estado civil A) SolteiroB) CasadoC) Separado D) Viúvo

7) Dimensão do agregado familiar A) menos de 3 B) 3- 6C) 7-10D) 11 e mais

Segunda secção: Opinião do inquirido

Instrução2 : rodear as opções alternativas fornecidas.

1. Como avalia os sinais e símbolos de trânsito instalados e o tempo utilizado pelos condutores?

A) Muito bomE) Mau

B) BomD) Muito mau

C) Justo

2. Está a pagar a taxa de transporte de acordo com o regulamento do tarifário?

A) SimB) Não

3. O que pensa dos condutores sobre a velocidade de paragem nas passadeiras para peões?

A) Muito bomD) Mau

B) BomE) Muito mau

C) Justo

4. Como nivelar o embarque para conseguir mais passageiros na cidade?

A) SempreD) Raramente

B) FrequentementeE) Nunca

C) Por vezes

5. Como é que avalia a facilidade de acomodação e a segurança dos passageiros durante o transporte?

A) Totalmente suficienteB) Moderadamente suficiente C) Insuficiente

D) Completamente ausente

6. Como avalia a atenção e a prioridade do condutor em relação aos outros utentes da estrada na cidade durante a viagem?

A) Demasiado rigorosoC) Demasiado relaxado

B) Sobre o direito

7. Concorda que o condutor sobrecarregue os passageiros para além da capacidade legalmente permitida do veículo na cidade?

A) Concordo totalmente B) Concordo C) Indeciso D) Discordo

E) Discordo totalmente

8. Como avalia o desempenho da aplicação das regras de trânsito na cidade?

A) ExcelenteD) Mau

B) Muito bomE) Muito mau

C) Satisfatório

9. Concorda que a aplicação das regras de trânsito existentes está a ser eficaz?

A) SimB) Não

10. Como avalia o tempo de deslocação nos transportes da cidade?

A) Muito bomD) Mau

B) BomE) Muito mau

C) Justo

11. Como avalia o seu nível de satisfação com a atual prestação de serviços de transporte na cidade?

A) ExcelenteD) Abaixo da médiaE) Muito mau

B) Média

C) Acima da média

12. Como nivelar a prestação e a equidade dos serviços de transporte para crianças, idosos e deficientes?

A) Muito satisfeitoB) Satisfeito C) Indeciso

D) InsatisfeitoE) Muito insatisfeito

13. Na sua opinião, como avalia o estado da boa governação na aplicação da regulamentação?

A) Muito bomD) Mau

B) BomE) Muito mau

C) Justo

14. Caminha ao longo de uma estrada apenas na extremidade esquerda, virado para o trânsito que se aproxima na cidade?

A) SimB) Não

15. Acha que os condutores da cidade se preocupam com o ambiente, utilizando sons de aviso em locais razoáveis?

A) SempreD) Nunca

B) Muito frequentemente

C) Raramente

16. Concorda com a capacidade ou qualificação dos condutores na cidade?

A) Concordo totalmente B) Concordo C) Indeciso D) Discordo

E) Discordo totalmente

17. Qual é a sua opinião sobre os impactos relacionados com a ausência de polícia de trânsito?

A) Muito graveB) graveC) Não faz diferença

D) Imperativo

Terceira secção: Opinião do inquirido sobre a utilização da escrita

Instrução I I : escreva a sua perceção sobre a aplicação do regulamento no espaço fornecido

1. Se considera que a regulamentação existente em matéria de transportes não está a funcionar de forma eficiente, qual é, na sua opinião, o problema?

A) Escassez artificial de veículosB) Escassez de combustível

C) Problema de infra-estruturas rodoviáriasD) Corrupção

E) Se outro, especificar

2. Considera que a prestação de serviços de transporte é segura, equitativa, responsável e flexível?

A) SimB) Não

3. Quais são os desafios que impedem a não aplicação do controlo do tráfego?

4. Houve algum tipo de corrupção com que se tenha deparado no serviço de transportes? Em caso afirmativo, especificar

5. Que opinião tem para evitar insultar, desonrar e chatear os outros na estação de autocarros e nos terminais da cidade? -

6. Existe algum efeito que tenha enfrentado devido à falta de aplicação adequada da regulamentação em matéria de transportes?

serviço?

Obrigado!

Apêndice A: entrevista

Esta entrevista ao motorista destina-se exclusivamente à recolha de dados para a realização do mestrado em Planeamento e Gestão dos Transportes, pelo que lhe pedimos que forneça informações corretas e sem reservas. As informações recolhidas serão mantidas confidenciais.

Obrigado pelo vosso esforço, tempo, honestidade e cooperação.

Primeira secção: Opinião dos condutores sobre a aplicação das regras de trânsito em Mizan-Aman

1. Como avalia a sinistralidade rodoviária na cidade?

A) a aumentarB)a diminuir

2. Se a resposta à pergunta número 1 estiver a aumentar, qual será a razão?

3. Quantas vezes por ano foi punido por um agente da polícia de trânsito?

Com base na resposta anterior, com que infração foi punido? Por favor, especifique

4. Está satisfeito com a aplicação do regulamento? Se não estiver, especifique

---

5. Como descreve a boa governação na aplicação da regulamentação?

6. Se considera que existe um problema de boa governação, qual seria a razão? Especificar

7. Que opinião tem para evitar personagens mal comportadas nas estações e terminais de autocarros da cidade?

8. Considera que a prestação de serviços de transporte para crianças, idosos e deficientes é boa? Se não, por favor especifique

9. Recorre aos organismos competentes quando se sente influenciado pela falta de boa governação da

polícia de trânsito e de outras entidades? Em caso afirmativo, que resposta obtém?

10. Pára o seu veículo imediatamente no local do acidente para cumprir todas as obrigações durante o acidente?

11. O que deve ser feito para que a cidade disponha de um serviço de transportes sustentável e fiável?

Obrigado

Apêndice A: entrevista

Esta entrevista à polícia de trânsito destina-se exclusivamente à recolha de dados para a realização do mestrado em Planeamento e Gestão dos Transportes, pelo que lhe é pedido educadamente que forneça informações corretas e sem reservas. As informações recolhidas serão mantidas confidenciais.

Obrigado pelo vosso esforço, tempo, honestidade e cooperação.

Primeira secção: Opinião da polícia de trânsito sobre a aplicação das regras de trânsito em Mizan-Aman

1. Quais são os desafios que dificultam a aplicação das regras de trânsito?

2. Que medidas devem ser tomadas para garantir uma aplicação eficaz e eficiente da regulamentação?

3. A comunidade participa na aplicação do regulamento?

4. É monitorizado e avaliado por outras pessoas relativamente à sua atividade na aplicação da regulamentação?

Em caso afirmativo, quais foram as reacções?

5. Como avalia o desempenho da execução? Cumpriu o objetivo do sector?

6. Considera que a punição é a única forma de resolver o problema dos transportes? Em caso negativo, indique uma alternativa ______________________________

7. Como avalia o número de polícias de trânsito afectados à aplicação das regras de trânsito?

8. Considera que os recursos afectados à aplicação do regulamento são suficientes? Se não, por favor

especificar______________________________

9. Considera que a política, a legislação ou a regulamentação em matéria de aplicação da legislação relativa aos transportes é omissa a favor dos infractores? Em caso afirmativo, por favor

especificar. ______________________________

10. Quantos

certificados de infractores são suspensos por ano? Quais são as principais causas? ______________

11. Como é que se articula a integração das partes interessadas na aplicação da regulamentação dos transportes?

12. Considera que os condutores da cidade têm problemas de condução? Em caso afirmativo, especifique.

13. Qual será o principal fator para não manter melhores transportes?

14. O que é que diz para criar um ambiente seguro e habitável em matéria de transportes?

15. Os operadores de transportes, se não estiverem em condições de prestar serviços de transporte, são informados antes de

24 horas para o escritório em causa?

16. Os centros de formação de motoristas estão realmente a prestar um serviço de formação amplo?

17. O que deve ser feito para que a cidade disponha de um serviço de transportes sustentável e fiável?

Obrigado!

Apêndice A: entrevista

Esta entrevista de operador de transportes destina-se exclusivamente à recolha de dados para a realização do mestrado em Planeamento e Gestão dos Transportes, pelo que lhe é pedido que forneça informações corretas e sem reservas. As informações recolhidas serão mantidas confidenciais.

Obrigado pelo vosso esforço, tempo, honestidade e cooperação.

Secção um: Opinião dos operadores de transportes sobre a aplicação das regras de trânsito em Mizan-Aman

1. Como avalia a atitude dos funcionários dos transportes para o servir? ______________

2. Qual é a sua opinião sobre os esforços para eliminar as objecções ao tráfego?

3. Considera que a capacidade do serviço de transportes é suficiente para gerir a aplicação do regulamento? Em caso negativo, especificar

4. Alguma vez recorre aos organismos responsáveis se o seu motorista for sabotado por falta de boa governação por parte da polícia de trânsito e dos agentes dos transportes? Em caso afirmativo, que resposta dá?

retorno

5. Se considera que existe um problema de organização no serviço de transportes, qual seria a causa?

6. Se existe uma causa para o problema da aplicação do regulamento, o que sugere para o resolver? Por favor, especifique ____

7. Quais os problemas com que se depara na aplicação do regulamento com a polícia de trânsito?

8. Os operadores de transportes, caso não estejam em condições de prestar o serviço de transporte, são informados antes de 24 horas ao serviço competente?

9. Os centros de formação de motoristas estão realmente a prestar um serviço de formação amplo?

10. O que deve ser feito para que a cidade disponha de um serviço de transportes sustentável e fiável?

Obrigado!

Apêndice A: entrevista

A entrevista deste funcionário dos transportes destina-se exclusivamente à recolha de dados para a realização do mestrado em Planeamento e Gestão dos Transportes, pelo que lhe é pedido que forneça informações corretas e sem reservas. As informações recolhidas serão mantidas confidenciais.

Obrigado pelo vosso esforço, tempo, honestidade e cooperação.

Secção 1: opinião dos funcionários dos transportes sobre a aplicação das regras de trânsito em Mizan-Aman

1. Os efectivos afectados à aplicação das regras de trânsito são suficientes? ________________

2. Considera que os recursos afectados à aplicação do regulamento são suficientes? Em caso negativo, especificar

3. Quais são as lacunas observadas na política, na regulamentação e nas diretivas relativas ao controlo do tráfego?

4. Existe um mecanismo utilizado no serviço para negociar os infractores com os agentes de trânsito?

5. Como é que se articula a integração das partes interessadas na aplicação da regulamentação dos transportes?

6. Dispõe de um pacote ou programa de sensibilização para atenuar os problemas relacionados com os transportes?

7. O que sugere para criar um ambiente seguro e habitável em matéria de transportes?

---

8. Considera que a sua organização cumpre o objetivo

9. O que deve ser feito para que a cidade disponha de um serviço de transportes sustentável e fiável?

Obrigado

Apêndice A: Lista de controlo da observação

1. situação geral dos transportes existentes na cidade

A Prestação de serviços de transporte: ________________________________

B/ frequência: ________________________________

C/ Tempo de deslocação________________________________

D/ segurança: ________________________________

E/ Equidade: ________________________________

2. Arranjo da polícia de trânsito

3. Capacidade do veículo e procura de viagens

4. Sensibilização dos peões para a utilização da estrada

Apêndice B: Plano de trabalho / Calendário

O tempo desempenha um papel fundamental na determinação das actividades e permite ao investigador saber e executar quando e como os dados foram recolhidos, analisados e apresentados aos organismos competentes.

Assim, este inquérito transversal foi realizado de acordo com o calendário da ECSU. O estudo foi concebido com uma dimensão temporal como se segue.

No	Activity	Time Flow										
		Marc	Apr.	May	Jun	Jul	Au	Sep	Oct	No	Dec.	Ja
1	Preface appraisal of literatures and											
2	Conducting											
3	Conduct											
4	Submission of											
5	Provision of											
6	Submission of											
7	Developing data											
8	Data collection											
9	Data											
10	Submission of											
11	Correcting first											
12	Second draft											
13	Submission of											
14	Consultation with advisor											

Apêndice C: Repartição orçamental

Um orçamento é uma proposta financeira que reflecte o trabalho proposto. Trata-se de uma declaração pormenorizada que descreve os custos estimados de um estudo. Além disso, o orçamento deve refletir a descrição do projeto.

As despesas totais estimadas para esta investigação proposta são de **16.840,00 ETB**. Estes fundos serão utilizados para cobrir as despesas diretas associadas ao estudo, incluindo a produção, impressão e distribuição de questionários, incentivos aos participantes e financiamento de um assistente de investigação.

Não.	Descrição	Unidade	Quantidade	Custo unitário	Custo total	Observação
Custos de papelaria e honorários de secretária						
1	Caneta	Não	10	4	40.00	
2	Fixador	Não	1	20	20.00	
4	Bloco de notas	Não	2	20	40.00	
5	Papel de duplicação	Borda	3	120	360.00	
6	Aluguer de câmaras digitais	Não	1	800	800.00	
10	Primeiro projeto propõe secretário	Página	35		140.00	
11	Impressão do segundo projeto de proposta	Páginas	50	1.00	50.00	
12	Taxa de impressão do projeto final da proposta	Página	50	1.00	50.00	
13	Secretário do primeiro projeto de tese	Página	50	4	200.00	

14	Taxa de impressão do segundo rascunho da tese	Página	50	1.00	50.00	
15	Impressão do projeto final de tese	Página	100	1.00	100.00	
16	Power point para apresentação	Página	10	4	40.00	
	Subtotal				1890	
Custos de pessoal						
1	Taxa do coletor de dados espaciais	Trabalho	8	250.00	2000.00	
2	Análise de dados espaciais	dia do trabalho	2	250.00	500.00	
4	Taxa de transporte	Redondo	1	500.00	500.00	
5	Observação pessoal e inquérito-piloto	Número	-	-	1500	
6	Contingência para actividades				500.00	
	Subtotal				**5000.00**	
	Orçamento total necessário				**16,840.00**	

Printed by Books on Demand GmbH, Norderstedt / Germany